# 볼수록 놀라운
# 과학 이야기

UNBELIEVABLE SCIENCE
STUFF THAT WILL BLOW YOUR MIND
by Colin Barras

Text © André Deutsch Limited 2017
Design © André Deutsch Limited 2017
All rights reserved.
Korean translation copyright © Time Education 2019
Korean translation rights are arranged with Carlton Books Limited through
AMO Agency.

세상에 이런 과학도 있다니!

# 볼수록 놀라운 과학 이야기

콜린 바라스 **지음**
이다윤 **옮김**

**타임북스**
T·IME BOOKS

## 지은이의 말

　'케빈 베이컨의 6단계 법칙'이 무엇인지 아는가? 우리 모두 여섯 번 이내의 사회적 단계로 연결돼 있다는 이론이다. 이 이론에 따르면 나는 물론 당신도 여섯 단계 이내로 미국 대통령과 연결된다. 그런데 이것을 과학적인 발견에도 적용할 수 있다. 솔직히 과학적인 발견이야말로 저마다 다른 사건으로 따로따로 떼어놓고 생각하기 어렵다. 생각해보라. 기술의 발전으로 등장한 3D 프린터로 의학계에서는 복잡한 인공 장기를 만들 수 있게 됐다. 그뿐인가? 3D 프린터는 자동차 업계는 물론 항공기 업계의 발전에도 많은 영향을 미치고 있다.

　때로는 각각의 과학적 사건을 연결 짓기가 불가능해 보이기도 한다. 당뇨병 치료제와 노화가 대체 무슨 상관이란 말인가. 하지만 조금만 깊게 들여다보면 둘이 깊은 연관이 있음을 알 수 있다. 당뇨병 치료제가 어쩌면 궁극의 노화 방지제일지도 모르기 때문이다. 현재 미국 식품 의약국 FDA는 노화를 약으로 치료해야 할 대상으로 보고 제2형 당뇨병 치료제 메트포르민이 노화를 늦출 수 있는지 알아보는 임상 실험을 허가했다.

　이야기가 나온 김에 덧붙이자면 헨리에타 렉스라는 젊은 흑인 여성의 암세포, 헬라 세포는 암세포임에도 불구하고 인류가 노화와 질병을 연구하는데 많은 도움을 줬다. 헬라 세포가 없었다면, 어쩌면 아직까지 소아 마비 백신도 없을지 모른다. 암세포가 노화와 질병 연구에 많은 도움을 줬다니 신기하지 않은가?

　이처럼 도저히 어우러질 것 같지 않은 연구 중에는 똥으로 약을 만드는 것도 있다. 똥에서 장내 미생물 군집인 마이크로바이옴을 추출해 대장이 약한 사람들에게 투입하면 장내 생태계 균형이 바로잡아지기 때문에 가능한 일이다.

　우리의 편견을 깨뜨리는 과학적인 발견들은 그 자체로도 놀랍지만, 이처럼 서로 연결돼 하나의 근사한 이야기를 만들기도 한다. 그래서 이 책에서도 케빈 베이컨 법칙처럼 각각의 과

학적인 사건들을 연결해봤다. 이 책에 실린 주제들은 과학 전반에 통틀어 사람들이 가장 관심을 두고 많은 화제를 일으킨 이야기 가운데 다소 무작위로 골랐지만 서로 어렵지 않게 연결된다. 나와 마찬가지로 한국의 독자들도 상상지도 못했던 과학적 사건들의 연관성을 발견하는 기쁨을 맛보길 바란다.

콜린 바라스

# 차례

# 1 자연과학

# 공룡이 덩치가 너무 커서 멸종했다고?

지난 몇십 년 동안, 과학자들이 추측하는 공룡의 모습은 계속 바뀌었다. 한때는 온몸이 비늘로 뒤덮인 악어 같은 느림보 괴물이라고 생각했지만, 이제는 새처럼 알록달록 털이 난 잽싼 동물로 생각하기도 한다. 이러한 인식의 변화는 화석을 새로 발견하고 진화를 더 깊이 연구하며 일어났다. 그러나 한 가지 변하지 않은 인식이 있다. 바로 공룡은 크다는 인식이다. 공룡은 대부분 아주아주 커다랬다. 혹시 큰 덩치가 생존에 유리했던 것일까? 그 덕에 공룡들은 오랫동안 지구에 군림할 수 있었던 것일까? 그런데 커다랗던 공룡들은 어쩌다가 영영 사라졌을까?

2016년 1월, 미국 자연사 Natural History 박물관에 새로운 공룡이 자태를 드러냈다. 2017년에야 파타고티탄 마요룸이란 이름이 붙은, 당시에는 이름조차 없던 이 공룡은 정말이지 눈이 휘둥그레질 정도로 커다랬다. 어떤 사람들은 이렇게 말할지도 모른다. 공룡이 큰 게 무슨 대수냐고, 공룡은 원래 모두 큰 것 아니냐고. 하지만 발견 당시 다 자란 게 아니었음에도 파타고티탄 마요룸의 키는 20미터, 길이는 40미터에 달할 것으로 추정됐다. 대체 다 자라면 얼마나 커다랄지 상상조차 힘들었다. 이에 파타고티탄 마요룸은 발견 당시 가장 커다란 육지 동물로 이름을 알렸다.

이토록 거대한 공룡을 살아 있을 때 봤다면 어떤 느낌이 들었을까? 지구에는 현존하지 않는 거대한 몸집에 주눅이 들까? 아니면 상상 불가능한 위용에 그저 입이 딱 벌어질까? 과학자들의 공룡 되

과연 이 공룡 화석이 지구에서 살았던 가장 큰 공룡일까?

살리기가 성공할 때까지, 우리는 앙상한 뼈 위에 상상 또는 컴퓨터 그래픽으로 그 모습을 그려볼 따름이다.

그나저나 공룡들의 몸집은 왜 그렇게 거대했을까? 짐작컨대, 실용적인 이유에서였을 것이다. 커다란 몸은 초식 공룡에게도 육식 공룡에게도 쓸모가 있었으리라. 초식 공룡은 사나운 공격에 대항하기 위해, 육식 공룡은 커다란 먹이를 한입에 물어 사냥하기 위해 큰 덩치가 필요했을 테니까. 약 6600만 년 전까지 공룡의 덩치는 공룡에게 도움이 되면 됐지 해가 되지는 않았을 것이다. 거대한 공룡이 죄다 멸종한 까닭은 갑작스러운 소행성 충돌과 화산 폭발로 지구가 급작스럽게 생물체가 살기 힘든 환경으로 변한 탓이다.

그렇지만 공룡이라고 죄다 집채만 한 괴물이었던 것은 아니다. 키가 고작 티라노사우루스나 디플로도쿠스의 무릎 높이에 불과한 공룡도 있었다. 2006년부터 독일, 영국 그리고 사우디아라비아 등지에서 발굴되기 시작한 난쟁이 공룡의 화석 이야기다. 그중에서 루마니아 북서부 지방, 트란실바니아 지역에서 발견한 난쟁이 공룡의 화석이 가장 흥미롭다. 공룡 멸종 전, 난쟁이 공룡들은 거의 이곳에 모여 살았다. 목도 꼬리도 긴 마기아로사우루스나 오리주둥이를 가진 텔마토사우루스 같은 공룡들 말이다.

이런 공룡들이 살던 시기에는 해수면이 높아 유럽 대륙 대부분이 물에 잠겨 있었다. 고로, 트란실바니아 공룡들도 섬에 갇혀 있었다. 섬같이 한정된 공간과 음식은 동물의 몸집을 작아지게 만든다. 수만 년 전 지중해 섬에 살던 코끼리와 하마가 작아진 이유도 같다. 인도네시아 섬, 플로레스에 살던 지금은 멸종한 고대 인류도 키가 1미터에 불과했다. 다들 섬에 살면서 몸집이 작아진 셈이다. 그래서 이 난쟁이 공룡들의 키도 1미터에 불과했냐고?

생존 전문 공룡, 난쟁이 공룡조차 엄청난 재난을 이겨내지 못했다.
대멸종에서 살아남은 생명은 새와 포유동물의 조상처럼 몸집이 작은 동물뿐이다.

흥미롭게도 그렇지는 않다. 트란실바니아에 살던 난쟁이 공룡들은 아주 작았다고 볼 수 없다. '난쟁이' 공룡이라고 부르지만 크기가 최소한 지금의 소만큼 컸다. 오늘날의 기준으로 소는 결코 작은 동물이 아니다. 공룡의 크기를 연구하던 영국 케임브리지 Cambridge 대학교의 로저 벤슨 Roger Benson 연구단은 2014년 몸무게 1킬로그램 이하의 공룡 종은 거의 없다고 밝혔다. 참고로 현재 포유동물의 80%는 몸무게가 1킬로그램이 채 되지 않는다. 하지만 난쟁이 공룡보다 작아진 공룡이 아예 없는 것은 아니다. 티라노사우루스와 트리케라톱스처럼 거대한 녀석들이 땅을 주름잡던 수천만 년 전, 하늘에는 몸집이 작은 공룡들로 가득했다. 이 공룡들의 후손을 오늘날 우리는 '새'라고 부른다.

맞춤법과 띄어쓰기를 지키지 않고 제멋대로 쓴 글을 읽으면 못 견디게 괴롭고 고통스러운가? 그렇다면 당신은 새와 같은 성향을 지닌 사람이다. 어떤 새들은 문법을 파괴하고 제 멋대로 불러대는 노래에 진저리를 친다. 인간이 말할 때처럼, 새들도 음절을 조합하고 반복해 의미 있는 구절을 만들어내기 때문이다. 새들의 지저귐이라고 만만히 보면 큰 코 다친다. 구조적인 짜임새를 지녔다는 점에서 인간의 언어와 비슷할 뿐만 아니라 심지어 문법 규칙까지 존재하기 때문이다. 아니라면 어떻게 새들이 문법 규칙에 어긋나는 노래를 알아듣고 화를 내겠는가.

일본 교토 Kyoto 대학교의 생물학자 켄타로 아베 Kentaro Abe와 다이 와타나베 Dai Watanabe는 2011년 "나 여기 있어요"라고 말하는 십자매의 노랫소리를 녹음하고, 다른 십자매에게 반복해서 들려줬다. 그다음 노랫소리를 조각 낸 뒤 짜 맞추고 다시 십자매에게 들려줬다. 십자매는 여러 조합 가운데 유독 하나의 노랫소리에 불편한 기색을 드러내며 마치 화난 듯이 지저귀기 시작했다.

두 생물학자는 그 노랫소리가 문법 규칙을 어겼기 때문에 십자매의 신경이 곤두섰다고 추측했다. 마구 뒤섞이긴 했지만, 다른 노랫소리들은 어느 정도 문법에 맞았기 때문이다. 뒤섞여 있더라도 "있어요 여기 나"라든가 "여기 있어요 나" 정도였다. 반면, 심기를 거스른 노랫소리의 의미는 "있 나 여기 어요"와 다를 바 없었다.

2016년, 네덜란드 레이던 Leiden 대학교의 생물학자 미헬러 스피

**이어보기**

공룡이 덩치가 너무 커서
멸종했다고? ...10

잠을 자는 이유가 뭐라고? ...109

십자매는 문법에 어긋난 노랫소리에 신경질적으로 반응한다.

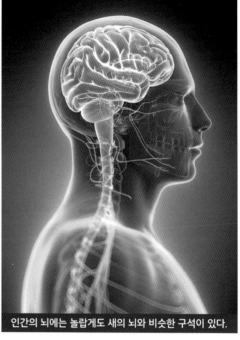

인간의 뇌에는 놀랍게도 새의 뇌와 비슷한 구석이 있다.

앵무새는 노랫소리에 매우 민감하다.

링스 Michelle Spierings 와 카럴 텐 카터 Carel ten Cate 는 새의 문법에 대해 더 깊이 있게 연구했다. 이들은 노랫소리의 여러 요소 가운데 앵무새는 문장에 주의를 기울이지만 금화조는 단어에 더 집중한다는 것을 발견했다.

어떻게 새와 인간에게 이토록 비슷한 구석이 있는 것일까? 혹시 새와 인간이 특정 유전자를 공유하는 것은 아닐까? 그래서 새의 노랫소리가 인간의 언어와 비슷한 구조를 보이는 것일까? 예를 들어 새의 뇌 속에는 어린 새가 새로운 노래를 배울 때만 활성화되는 특정 회로가 있다. 그리고 사람의 뇌 속에도 말할 때 활성화되는 비슷한 회로가 있다.

새와 인간의 비슷한 면은 여기서 그치지 않는다. 어떤 새들은 인간처럼 도구를 사용할 뿐만 아니라 새와 인간은 둘 다 복잡한 사회 구조를 이룬다. 잠잘 때는 꿈도 꾼다. 꿈은 지적이고 사회적인 동물이 그날 습득한 지식을 저장하는 한 방법이라는 주장이 있다는 점에서 새겨들을 만한 이야기다. 그런 일이 없었기를 바라지만, 어쩌면 문법이 엉망인 노랫소리를 들은 십자매와 앵무새는 고통에 몸부림치다 악몽을 꿨을지도 모른다. 정말 흥미롭지 않은가?

물론 아무리 비슷하다 할지라도 이런 특성을 새와 인간이 함께 발전시켰을리는 없다. 새는 공룡의 후손이고, 사람은 포유동물이니까. 인간과 새의 공통 조상을 만나려면 적어도 수억 년은 거슬러 올라가야 한다. 그럼에도 불구하고 이렇게 비슷한 면이 많다니, 신기하기 그지없다.

# 다람쥐는 반쯤 얼어붙은 채로도 살아남는다고?

포유동물은 따뜻한 피가 흐르는 동물로, 안정적으로 체온을 유지하기 위해 끊임없이 노력한다. 더우면 몸을 식히기 위해 땀을 흘리거나 혀를 내뺀 채 헐떡이고, 추우면 몸을 덥히기 위해 몸속의 지방을 태운다. 이 같은 노력의 이유는 딱 하나, 살고 싶어서다. 체온이 정상보다 너무 높거나 낮으면 죽을 수도 있으니까. 그런데 체온이 영하로 떨어져도 멀쩡한 포유동물이 있다. 심지어 피는 얼음장처럼 차디차다. 아예 몸을 얼려버린다고나 할까. 이게 다 살기 위한 묘수라고 하니, 정말이지 신기할 따름이다.

생명체에게 온몸이 얼어버릴 듯 추운 영하의 날씨는 좋을 게 없다. 생명체를 구성하는 기본 단위인 세포가 완전히 망가져 죽을지도 모르기 때문이다. 세포가 얼면 부풀어 오르다가 결국 파열되고 만다. 냉동실에 물이 꽉 찬 유리병을 넣어두면 물이 얼면서 유리병이 깨지듯 말이다.

이에 몇몇 동물은 이런 문제를 피할 방법을 찾아냈다. 이를테면, 어떤 곤충은 예방이 최선이라고 여긴 듯 날씨가 추워지자마자 냉큼 몸을 탈수시켜버린다. 물이 없으면 얼음이 나타날 염려도 없지 않은가? 이 곤충은 날씨가 따뜻해지면 다시 물을 마시고 아무 일도 없었다는 듯 쌩쌩하게 움직인다. 또 다른 곤충은 매도 먼저 맞는 놈이 낫다고 생각했는지, 찬바람이 불어온다 싶으면 한 발 앞서 몸을 얼려버린다. 단, 세포 안이 아니라 바깥을 미리 얼려놓고 커지지 않

북극 얼룩다람쥐는 슈퍼 냉각 기술로 추운 겨울을 이겨낸다.

도록 섬세하게 관리한다. 이렇게 하면 세포처럼 민감한 조직이 얼어붙는 최악의 사태를 면할 수 있다. 제대로만 사용한다면 따뜻한 봄이 올 때까지 별다른 피해 없이 추운 겨울을 보낼 좋은 방법이다.

특별한 물질을 이용해 추위에서 버티는 동물들도 있다. 극지방에 사는 바닷물고기들이다. 이 바닷물고기들은 '부동 단백질'을 이용해 영하 2℃의 추운 바닷물에서도 아무런 문제없이 쌩쌩하게 헤엄친다. 부동 단백질이 자잘한 얼음 결정에 달라붙어 얼음이 커지는 것을 막아주는 덕이다. 참고로 바닷물이 영하의 온도에도 얼지 않는 것은 소금 덕분이다. 소금은 바닷물의 어는점을 영하로 내려준다.

이처럼 추위를 적극적으로 받아들이는 동물 중 매우 독특한 방법으로 겨울을 이겨내는 동물이 있다. 바로 북극 얼룩다람쥐다. 북극 얼룩다람쥐는 겨울잠을 자며 원래는 37℃인 체온을 무려 영하 3℃까지 떨어뜨린다. 북극 얼룩다람쥐는 포유동물에 속하고, 대다수의 포유동물은 항상 비슷한 체온을 유지하는데 말이다.

미국 알래스카 Alaska 대학교의 생물학자 브라이언 반스 Brian Barnes는 겨울에 북극 얼룩다람쥐의

아무 후유증 없는 인간 냉동이 가능하다 주장하는 사람들도 있다.

체온이 영하로 떨어진다는 사실을 처음으로 기록했다. 북극 얼룩다람쥐는 대체 어떻게 그럴 수 있는 것일까? 혹시 다른 동물처럼 수분을 말려버린다든가, 미리 얼린다든가, 그것도 아니라면 부동 단백질을 사용하는 것은 아닐까? 반스 연구단은 열심히 살펴본 결과, 2004년 북극 얼룩다람쥐가 몸속에서 부동 단백질을 만들어내는 대신 '슈퍼 냉각' 기술을 사용한다는 것을 알아냈다.

본디 액체는 불순물 주변부터 얼어붙는다. 이때 불순물은 얼음의 '씨앗' 역할을 한다. 그러니까 혈관 속에 얼음 씨앗이 될 만한 불순물을 제거하면 영하의 날씨에도 피가 얼지 않은 채로 버틸 수 있는 셈이다. 북극 얼룩다람쥐의 겨울 대비는 혈관 속에서 얼음의 씨앗이 될 만한 불순물 제거에서부터 시작한다고 볼 수 있다. 체온이 영하 3℃까지 내려간 북극 얼룩다람쥐의 피는 얼어붙은 듯, 얼지 않은 듯 무척 차가운 상태다. 북극 얼룩다람쥐는 이렇게 거의 얼어붙은 상태로 8개월을 버텼다. 2주나 3주에 한 번, 몸을 몇 시간 동안 따뜻하게 한 것이 전부였다. 얼어 있을 때는 심장이 1분에 한 번 뛰었고, 뇌는 세포와 세포 사이의 연결이 끊겨버리는 이상한 '대기' 상태로 전환했다. 생명체보다는 시체에 좀 더 가까운 아주 위험한 상태였으나 봄을 맞아 깨어난 북극 얼룩다람쥐의 뇌세포들은 어떤 후유증도 없이 다시 연결됐다. 포유동물의 뇌가 지닌 놀라운 적응 능력을 보여주는 사례다.

얼어도 언 게 아닌 포유동물이라니! 게다가 멀쩡하게 다시 깨어난다니! 북극 얼룩다람쥐는 말 그대로 놀라운 진화의 산물이다. 이에 어떤 사람들은 '인간도 추위에 맞서 스스로 몸을 얼릴 수 있지 않을까?' 생각했다. 이 같은 발상이 성공하기만 한다면 냉동 인간부터 미래의 우주여행까지, 다양하게 활용할 수 있을 것이다. 말처럼 쉬운 일은 아니지만 말이다. 먼저 북극 얼룩다람쥐처럼 스스로를 반 냉동 상태로 만드는 방법에 대해 생각해보자. 이 연구를 계속해온 반스 연구단은 2014년 북극 얼룩다람쥐의 세포가 어떻게 겨울나기를 준비하는지 유심히 관찰함으로써, 이것이 무려 유전자 500개의 활동을 바꾸는 아주 복잡한 과정이라는 사실을 알아냈다. 현재의 과학 기술로는 따라할 엄두조차 낼 수 없다.

그나마 따라할 수 있는, 가장 현실적인 방법은 세포 사이사이에 얼음을 얼려 민감한 조직의 피해를 최소화하는 것이다. 아직 모든 논란이 사그라들지는 않았지만, 냉동 기술 산업은 이런 기술을 긍정적으로 검토하고 있다. 이 중에는 인간 냉동이 가능하다고 주장하는 사람들도 있다. 죽자마자 곧바로 의학용 부동액을 주입하고 냉동 보관하면, 의학 기술이 보다 발전한 미래에 다시 되살릴 수도 있다는 것이다. 그렇지만 아직까지 대다수 과학자는 크고 복잡한 인간의 몸을 얼렸다가 아무 문제없이 다시 녹이는 일은 몹시 어렵다고 입을 모은다. 당분간 냉동 인간은 상상 속에서나 가능할 것 같다.

갯벌의 포식자 갯가재는 사용하는 무기에 따라 쾅 내려치는 '방망이' 갯가재와 푹 찌르는 '창' 갯가재로 나뉜다. 두 갯가재의 공통점은 공격 속도가 아주 빠르다는 것이다. 빨라도 너무 빨라서였을까? 과학자들은 최근에서야 갯가재의 사냥 시 공격 행동을 자세히 연구하기 시작했다. 초당 수천 프레임을 찍는 고속 카메라의 등장으로 비로소 가능해진 연구였다. 그런데 둘 중에서는 과연 누가 더 빠를까? 이 질문의 답은 명확하다. 방망이 갯가재는 창 갯가재하고도 비교할 수 없을 만큼 빠르다. 도대체 뭘 사냥하길래 그렇게까지 빨리 움직이는 것일까?

2004년, 미국 듀크 Duke 대학교의 실라 파텍 Sheila Patek 연구단은 방망이 갯가재의 가속도가 10만 4천 미터 매 초 제곱 m/s2에 달한다고 밝혔다. 갯가재의 공격 무기인 가슴다리가 움직일 때, 속도가 1초 만에 10만 4천 미터 매 초 m/s씩 늘어난다는 뜻으로, 치타의 최고 가속률보다 약 7천 배 빠르다. 방망이처럼 생긴 가슴다리는 방금 쏜 총알보다 더 빠르게 가속하며, 이때 주변에 가해지는 압력 때문에 태양 표면만큼 뜨거운 충격파가 발생할 정도다.

근육 힘만으로 이렇게 빨리 가속하기는 무리다. 갯가재는 단단한 껍데기 속 스프링 구조를 꽉 누른 뒤, 다시 튕겨 나오는 힘으로 가슴다리를 휘두른다. 개미나 해파리 같은 다른 생물 종도 이렇게 탄성 있는 스프링 구조를 가진다. 이 같은 스프링 구조는 심지어 균류에서조차 찾아볼 수 있는데, 균류는 스프링 구조를 이용해 포자를 치타가 내는 가속도도 상상 초월이지만 갯가재가 치타보다 훨씬 빠르다.

갯가재만큼 빠른 생물은 여간해서 찾아보기 어렵다.

하늘로 높이 흩뿌린다. 하지만 갯가재만큼 스프링 구조를 무섭게 활용하는 생물은 없을 것이다. 이렇게 무시무시한 무기로 갯가재는 도대체 무엇을 사냥하는 걸까? 모르긴 몰라도 엄청 빠른 바다생물이 아니겠느냐고?

꼭 그렇지만은 않다. 창 갯가재는 확실히 날쌘 물고기를 사냥하지만, 방망이 갯가재는 가슴다리를 잽싸게 휘둘러 느려터지기로 유명한 달팽이나 아예 꼼짝도 하지 않는 굴을 사냥한다. 느릿느릿 움직이는 먹이 사냥에 이렇게 빠른 무기를 사용하는 이유는 대체 뭘까? 갯가재의 사냥에 대한 의문은 이뿐만이 아니다. 파텍 연구단은 2012년 역사상 처음 고속 카메라로 창 갯가재를 촬영했다. 연구단은 당연히 창 갯가재가 방망이 갯가재보다 훨씬 더 빠르리라고 짐작했다. 사냥감의 속도부터가 현저히 차이나니까. 그런데 결과는 예상 밖이었다. 창 갯가재가 방망이 갯가재보다 100배는 느렸다.

갯가재는 가슴다리뿐만이 아니라 상황 판단도 빨랐던 모양이다. 날쌔게 헤엄치는 물고기를 잡으려면 창을 재빨리 내질러야 하는데, 창 갯가재의 스프링 구조는 비교적 탄성이 약해서 쉽고 빠르게 누를 수 있다. 즉, 물고기를 보자마자 재빨리 공격할 수 있다는 뜻이다. 대신 공격력이 약해진다.

반면, 방망이 갯가재는 좀 더 느긋한 공격이 가능하다. 달팽이는 느릿느릿하고, 굴은 꼼짝도 하지 않으니 말이다. 사실 방망이 갯가재는 5000만 년 전 창 갯가재로부터 진화했다. 진화하는 동안 방망이 갯가재는 느리게 움직이는 먹이를 사냥하며 무기를 강하고 빠르게 개선했다. 달팽이 껍질은 생명체가 만든 가장 단단한 물질이기 때문이다.

물체가 주는 충격의 크기는 질량과 속도에 따라 달라지는 법이다. 공격력을 높이기 위해 자연의 포식자들이 몸집을 부풀려 질량을 늘리는 방법을 택했다면, 갯가재는 가속도에 집중했다. 놀랍게도 효과는 비슷하다. 방망이 갯가재가 방망이를 내두르는 힘은 커다란 악어가 무는 힘과 거의 같다. 역시 작은 고추가 매운 법인가 보다.

동물은 대부분 커다랗고 강한 턱으로 콱 무는 방법으로 공격력을 강화하지만, 갯가재는 방망이를 내두름으로써 공격력을 강화한다.

# 걸어 다니는 물고기가 진화의 비밀을 알려 줄 거라고?

진화는 한순간에 뚝딱 일어나지 않는다. 처마 끝 낙숫물이 마침내 돌을 뚫듯 수천, 수백만 년에 걸쳐 조금씩 일어난다. 변화가 어찌나 느릿느릿한지 우리는 진화로 인한 변화를 쉽게 알아차릴 수 없다. 아니, 그런 줄 알았다. 그런데 이게 웬일인가! 아프리카에 사는 물고기, 폴립테루스는 8개월 만에 걷는 법을 배워버렸다. 뼈를 쭉쭉 늘리고 꾹꾹 단단하게 다지더니 걸음마를 배워 아장아장 걷기 시작한 것이다! 지구에서 생명체가 진화한 이후로 가장 놀라운 사건, 바다에서 기어 올라와 땅에 첫발을 디딘 그 일이 재현됐다.

찰스 다윈 Charles Darwin이 《종의 기원》을 세상에 선보인 후, 많은 과학자가 진화에 대해 연구했다. 그중에는 미국 미시간 Michigan 주립대학교의 생물학자 리처드 렌스키 Richard Lenski도 있었다. 렌스키는 실험실에서 배양한 세균도 원래는 먹지 못했던 먹이를 먹는 방향으로 진화한다는 연구 결과를 발표했다. 하지만 몇몇 사람은 이 연구 결과가 '아주 작은 규모의 진화일 뿐이다'라고 지적했다. 렌스키의 실험실에서는 행태만 달라졌을 뿐이라는 것이었다. 세균은 여전히 세균일 뿐, 세균 아닌 다른 종으로 진화한 것은 아니지 않느냐는 의미였다. 진화론도 미시적인 변화만 나타낼 뿐 거시적인 변화는 나타내지 못한다고 부정하는 사람들이랄까.

이에 캐나다 오타와 Ottawa 대학교의 에밀리 스탠든 Emily Standen 연

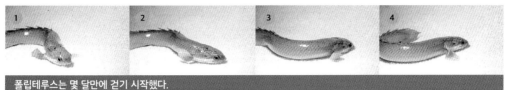
폴립테루스는 몇 달만에 걷기 시작했다.

구단은 작은 규모의 진화를 통해 커다란 규모의 진화가 어떻게 일어나는지 증명해 보이겠다며 2014년 실험을 진행했다. 실험 방법은 간단했다. 물이 바닥에 겨우 깔리다시피 한 수조에 폴립테루스Polypterus 새끼를 가져다놓고, 흙바닥을 기어 다니도록 만들었다. 폴립테루스가 물 밖에서도 숨쉴 수 있는 물고기라 가능한 실험이었다.

몇 달 뒤 두 눈이 의심스러운 일이 일어났다. 폴립테루스가 걷기 시작한 것이다. 한 쌍의 지느러미를 몸 쪽으로 꽉 끌어당겨 머리를 들어 올리고, 지느러미 아랫뼈는 마치 '어깨'처럼 크고 튼튼해졌다. '목'뼈는 도리어 약해졌는데, 그 덕에 땅에 사는 동물들처럼 머리를 휙휙 움직일 수 있었다. 폴립테루스의 걸음마를 주의 깊게 살펴본 생물학자들은 이것이 현재 진행형 진화라고 단언했고, 다윈의 진화론을 끝끝내 거부하던 사람들은 마침내 꿀 먹은 벙어리가 됐다.

이전에도 이와 꼭 닮은 일이 있었다. 고생물학자들이 2006년에 발견한 틱타알릭Tiktaalik의 화석은 3억 7500만 년 전 바다에 살던 물고기가 처음 땅으로 올라온 그때의 모습을 그대로 보여줬다. 틱타알릭과 스탠든 연구실의 폴립테루스는 어깨뼈와 목뼈가 너무나도 비슷했다. 과학자 대부분은 커다란 진화, 물속에서 헤엄치던 물고기가 땅으로 걷는 정도의 변화는 수많은 세대에 걸쳐 천천히 일어난다고 생각했지만, 폴립테루스 실험은 동물이 갑작스러운 환경 변화에 짧은 시간 동안에도 유연하게 적응할 수 있음을 보여줬다. 이를 뒷받침하는 다른 사례도 있다. 공룡의 후손인 새는 알에서 깨어나자마자 가짜 공룡 꼬리를 달아주면 아무도 가르쳐주지 않아도 먼 옛날 공룡이 걷던 방식으로 걷는다.

솔직히 아주 깐깐하게 따지고 들자면, 이런 변화를 진정한 진화라고 할 수는 없다. 진화는 유전자가 변해 완전히 다른 종이 되는 일이기 때문이다. 연구소의 폴립테루스는 걷는 법을 배웠지만, DNA는 아무것도 달라지지 않았다. 제아무리 씩씩하게 걷는 폴립테루스라 하더라도 물이 가득 찬 수조에 그의 새끼들을 풀어놓으면 다시 날쌔게 헤엄칠 것이다.

그러나 모든 일에는 순서가 있는 법이다. 걷는 법을 배워야지 유전자도 변한다. 한번 걸었던 폴립테루스의 딸이 엄마와 비슷한 환경에서 자란다면, 틀림없이 잘 걸어 다닐 것이다. 그 딸이 낳은 손녀 폴립테루스도 마찬가지다. 그렇게 세대를 거듭한다면, 언젠가 모델보다 더 멋지게 걷는 폴립테루스로 진화할지도 모른다. 그때쯤 되면 잘 걷는 유전자를 가진 폴립테루스가 생존에 유리하기 때문에, 시간이 지날수록 '잘 걷게끔' 유전자를 바꿔나갈 것이다.

환경에 적응하며 걷는 일은 연필 스케치라면 시간이 지나고 아예 DNA가 바뀌어 새로운 동물 종이 되는 것은 스케치 위에 물감으로 칠한 수채화와 같다. 생물학자들 사이에서도 진화가 어떤 대본에 따라 전개되는 연극인지는 의견이 분분하지만, 폴립테루스 실험을 통해 적어도 진화의 미스터리를 풀기 위해 아직도 해야 할 일이 많다는 점은 확실해졌다. 물고기가 어떻게 걷게 됐는지 알아낸 것은 덤이다.

틱타알릭은 바다를 떠나 육지에 첫발을 디딘
먼 옛날에 살던 조상 생명체다.

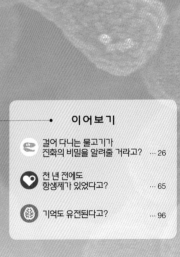

2016년 9월, 스웨덴 카롤린스카 의과대학교 프리드레크 란네르 연구단은 인간의 DNA를 배아 단계에서 수정하는 연구 중이라고 발표했다. 이때껏 윤리적인 문제로 금기시되던, 자궁에 착상되면 태아로 자라날 수도 있는, 완전한 인간 배아로 시도하는 첫 번째 유전자 편집 시험이었다. 연구자들은 이번 기회에 인간의 유전자를 한층 깊게 이해함으로써 난치병 치료는 물론 불임과 유산 문제를 해결할 방안을 찾겠다고 밝혔다. 그런데 도대체 어떻게 유전자를 편집하느냐고? 그게 정말 가능하냐고? 답은 바로 크리스퍼 유전자 가위에 있다.

지난 수년간 유전학자들은 살아 있는 세포의 유전자 편집 기술을 개발하려 애썼다. 노력에 힘입어 그럴듯한 성과도 거뒀으나, 문제는 만만치 않은 비용이었다. 그러던 2013년 크리스퍼CRISPR 유전자 가위가 등장했다. 크리스퍼 유전자 가위는 우리 주변에 흔한 미생물로 만들 수 있었다, 당연히 상대적으로 비용도 저렴했다. 이런저런 이유로 크로스퍼 유전자 가위는 등장하자마자 마치 태풍처럼 유전자학계를 휩쓸었다.

크리스퍼 유전자 가위에 대해 이해하려면 먼저 크리스퍼부터 알아야 한다. 크리스퍼는 DNA의 특정 위치에서 짧은 회문 구조가 반복해서 나타나는 것을 가리킨다. '미개한 개미'라는 표현처럼 앞에서부터나 뒤에서부터나 똑같은 염기 서열이 계속 되풀이되는 것이다. 그런데 이런 반복 서열repeater 사이로 '사이'spacer라는 짧은 염

**이어보기**

걸어 다니는 물고기가
진화의 비밀을 알려줄 거라고? … 26

천 년 전에도
항생제가 있었다고? … 65

기억도 유전된다고? … 96

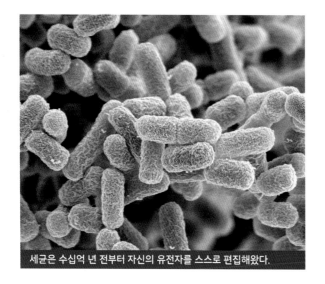
세균은 수십억 년 전부터 자신의 유전자를 스스로 편집해왔다.

기 서열이 끼어들어 간격을 만든다.

세균의 DNA에서 짧은 특정 서열이 반복적으로 나타나는 현상은 이 같은 현상을 눈여겨본 일본 생물학자들에 의해 1980년대 후반, 처음 알려졌다. 다만 이때의 연구 목적은 단순히 단백질을 만들어내는 염기 서열이 무엇인지 알아내는 것뿐이었고, 크리스퍼에는 그다지 관심을 두지 않았다.

크리스퍼가 주목받은 것은 2000년대 중반에 접어들면서 과학자들이 관찰한 세균 종의 3분의 1에서 이러한 반복 서열과 사이를 발견한 다음이었다. 고세균에서는 이 같은 특징을 더 쉽게 찾아볼 수 있었다. 과학자들은 연구를 통해 마침내 반복 서열이 왜 존재하는지 알아냈다. 반복 서열은 미생물이 아주 먼 옛날 사용하던 면역 체계의 흔적이었다.

미생물은 지긋지긋할 정도로 바이러스의 공격에 시달린다. 바이러스가 전체 세균의 절반을 죽이는 데 걸리는 시간이 고작 이틀에 불과하다는 추정치가 있을 정도. 그렇다고 세균이 바이러스에게 호락호락 당하지만은 않는다. 세균은 특별한 종류의 단백질을 만들어 바이러스의 침입에 대비한다. 세균의 몸속으로 바이러스가 들어오면, 이 단백질이 바이러스의 DNA에 딱 달라붙어 산산조각 내버린다. 이렇게 조각난 바이러스의 DNA는 세균의 DNA에 끼어 들어가 반복 서열의 간격을 만드는 사이spacer가 된다. 된다. 똑같은 바이러스가 또다시 침입했을 때, 방어 체계를 재빨리 만들어내기 위해서다.

사람과 동물은 유전자를 좋다고 넣고 싫다고 빼는 일이 불가능하지만, 세균에게는 가능하다. 마치 가위와 풀처럼 DNA를 자르고 붙이는 도구를 지녔기 때문이다. 세균은 이 도구로 DNA 어느 곳이라도 원하는 만큼 잘라낼 수 있다. 세균과 고세균은 수십억 년 전부터 아무렇지도 않게 유전자 편집 기술을 사용해온 셈이다. 인간도 비슷한 도구를 만들긴 했지만, 세균이 갖고 있는 도구가 훨씬 간단하고 편했다. 과학자들이 세균에게서 발견한 이 도구가 바로 캐스9Cas9이라는 절

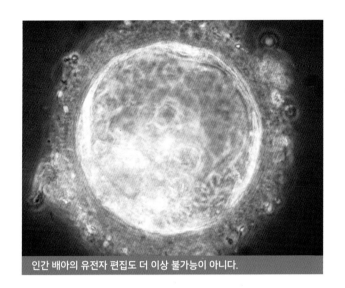
인간 배아의 유전자 편집도 더 이상 불가능이 아니다.

단 효소이다. 이 절단 효소와 크리스퍼를 사용해 유전자를 정확하게 잘라내는 기술을 크리스퍼 유전자 가위라고 부른다. 이 기술 덕분에 인간은 스스로에게도 유전자 편집 기술을 시도할 수 있게 됐다.

여담이지만, 진화생물학자들은 유전학자들과 완전히 다른 이유로 크리스퍼에 주목했다. 세균이 크리스퍼를 이용해 '경험'을 DNA에 기록했기 때문이다. 진화생물학자들은 오랫동안 한 개체의 삶의 경험은 유전될 수 없다고 생각했다. 예를 들어, 인간은 부모가 만났던 바이러스에 대한 기록을 물려받지 못한다. 경험은 유전되지 않는 것이다. 반면 세균은 자신이 만난 바이러스에 대한 기록을 다음 세대에게 물려준다. 부모가 만났던 바이러스에 대한 기억을 자식 세대의 세균이 고스란히 물려받는 것이다. 한마디로, 크리스퍼는 경험이 유전될 수 있음을 뜻했다. 이로 인해 생물학자들은 진화에 대해 다시 생각하게 됐다.

진화생물학자가 미생물을 보고 깜짝 놀란 일은 이전에도 있었다. 이전의 사고방식에 따르면 유전자는 부모가 자식에게만 물려주는 것이었다. 즉, 수직적이었다. 세대 간에만 물려줄 수 있었달까. 하지만 미생물은 '수평적 유전자 이동'이라는 진화 체계를 갖췄다. 미생물들은 마치 물물 교환하듯이 유전자를 서로 교환할 수 있다. 이 같은 진화 체계는 세균이 놀라운 속도로 항생제 저항력을 갖춰나가는 비결이다. 이런저런 점을 따져보면 크리스퍼를 사용하며 수평적으로 진화하는 세균의 면역 체계가 인간보다 우월할지도 모른다.

# 우리를 죽일 거라고?

## 이기적인 암세포가

지구의 역사는 곧 생명의 역사다. 지구의 나이 45억 4천만 년 중 대부분의 나날에 생명이 살았기 때문이다. 하지만 동물은 고작 수억 년 전에야 겨우 등장했다. 지구의 점령자는 상당히 오랫동안 단 하나의 세포만으로 이뤄진 미생물뿐이었다. 동물의 탄생을 위해서는 말 그대로 생물의 근본을 뒤흔드는 변화가 필요했던 탓이다. 하나하나의 세포가 이기적인 개인주의를 버리고 공동체적인 삶에 뛰어드는 그런 변화 없이는 다른 생명이 태어날 수 없었다. 동물은 세포가 하나둘 모이고 협력하기 시작하면서 나타났다. 동시에 '암'이라는 질병도 나타났다.

2015년, 미국 캘리포니아 California 대학교의 엘리자베스 벨 Elizabeth Bell과 마크 해리슨 Mark Harrison 연구단은 돌 조각에서 무려 41억 년 전에 생명이 살았던 흔적을 발견했다. 지구의 역사가 곧 생명의 역사라고 말하기에 부족함 없는 증거를 찾아낸 것이다. 하지만 우리에게 익숙한 형태를 갖춘 크고 복잡한 생명체, 그러니까 동물이 생겨나기 시작한 것은 고작 약 6억 5천만 년 전부터다. 도대체 어떤 이유로 생명의 탄생부터 동물의 등장까지 이렇게까지 오랜 세월이 걸린 걸까?

지질학자들은 폭발적으로 산소가 늘어난, 산소대재앙 Great Oxygenation Event 시기와 동물의 등장에 무슨 관계가 있지 않을까 의심한다. 동물이 숨 쉬는 데는 산소가 꼭 필요하니까 말이다. 한편, 생물학자들은 동물이 아주 복잡한 생명체이기 때문에 등장까지 시

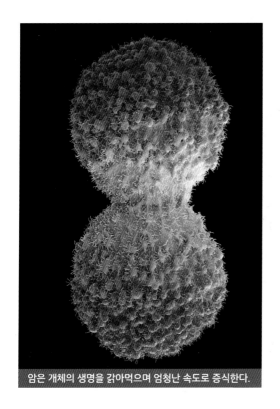

암은 개체의 생명을 갉아먹으며 엄청난 속도로 증식한다.

간이 오래 걸릴 수밖에 없었다고 주장한다. 단순한 미생물이 복잡한 동물로 진화할 방법을 찾는 것은 너무 어려운 일이다. 6억 5천만 년 전에는 동물이 나타나려 해도 도저히 방법이 없었다는 것이다. 이 밖에도 의심해볼 만한 이유야 많다.

의심해볼 만한 거리가 많다는 말은 미생물이 어떻게 동물로 진화했는지 우리가 아직 확실히 알지 못한다는 뜻이기도 하다. 그래도 한 가지 확실하게 기억할 점이 있다. 동물이 많은 세포, 즉 다세포로 구성됐다는 점이다. 동물 한 마리의 세포는 수조부터 수십조 개에 달한다. 이 많은 세포가 여럿이 집단으로 사는 데 관심을 둔다는 것은 상상 이상으로 대단한 일이다. 생각해보라. 지구 생명체는 매우 오랫동안 단세포의 삶에 만족하며 살았다. 그런데 동물 세포는 혼자만 잘살겠다는 오랜 본능을 거부하고, 오래된 삶의 형태에 반기를 든 것이다. 심지어 일부 세포는 자신이 속한 동물 개체에 위협이 된다면 스스로 죽기까지 한다. 협동하려는 경향이 아주 높아야만 할 수 있는 매우 이타적인 행동이다.

반면 암세포는 협동하면서도 이기적이다. 개체에 아주 위험한 상황이더라도 절대로 죽지 않겠다며 끝끝내 버틴다. 이런 이유로 암은 아주 두려운 질병이 됐다. 이러한 암에 대해 2011년 호주Australian 국립대학교의 찰스 라인위버Charles Lineweaver와 미국 애리조나Arizona 주립대학교의 폴 데이비스Paul Davis는 다음과 같은 해석을 내놓았다. 암은 진화의 과정을 역행하는 세포로, 마치 최초의 동물 세포처럼 행동한다는 것이다.

이들의 견해에 따르면, 초기 동물들은 다수의 세포가 하나의 몸 안에서 조화롭게 살도록 통제하는 방법을 완벽히 터득한 상태가 아니었다. 세포 하나하나가 제멋대로 자라나고 복제되는……그런 통제할 수 없는 지경에 이르는 것은 막을 수 있었지만 세포들의 이기심을 완전히 뿌리 뽑지

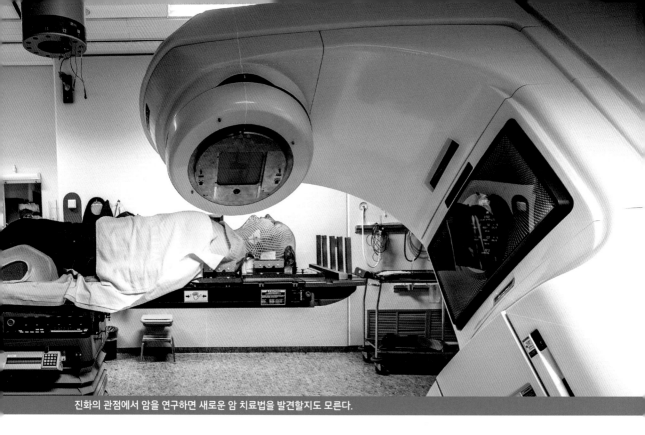

진화의 관점에서 암을 연구하면 새로운 암 치료법을 발견할지도 모른다.

는 못했다. 한마디로, 초기 동물은 이기적인 세포로 이뤄진 불안정한 존재였다. 그리고 이런 이기적인 세포들이 바로 암이랄까. 이후 동물이 개별 세포의 이기적인 본능마저도 완벽히 다스리는 유전자 개발에 성공한 다음에도, 수조 개가 넘는 세포 중 단 하나의 세포에라도 유전자 돌연변이가 일어나면 금세 초기 동물의 경우처럼 세포가 이기적으로 행동하며 암이 발병한다는 것이 이들의 주장이었다.

모든 과학자가 이 의견에 찬성하는 것은 아니지만, 이들처럼 진화의 관점에서 암을 해석하려는 시도는 계속 이뤄지고 있다. 진화의 비밀을 파헤치다 보면 언젠가는 가장 치명적인 질병인 암을 정복할 실마리를 얻을 수 있을지도 모른다.

지구의 바다 저 밑바닥에는 전기 발전소가 있다. 전기만 만드는 것이 아니라 강력한 온실가스인 메탄을 바닷속에 꽁꽁 붙잡아 지구 온난화의 속도도 늦춘다. 과학 기술로 기후 문제를 해결하려는 지구공학의 산물이냐고? 전혀 아니다. 전기를 먹고 배설하는 미생물로만 만들어진 자연의 발전소다. 1980년대 미국에서 처음 발견된 이 전기 세균들은 전자를 집어삼키고 배출할 뿐만 아니라 가느다란 실을 타고 전자를 찾으러 다니기까지 한다. 전자가 움직이면 전기라는 에너지가 생겨난다. 다시 말해, 전기가 흐르고 전기를 찾아다니는 세균인 셈이다!

미생물이 전기를 먹고 배설한다면 무슨 생각이 들겠는가? 외계 미생물 이야기냐고? 전혀 아니다. 미생물을 포함해 지구의 모든 생명체는 전기를 먹고, 배설한다. 인간도 예외가 아니다. 물론 우리가 직접적으로 먹는 것은 전기가 아니라 음식이지만, 생체 에너지를 만드는 것은 몸속에서 당분을 분해하며 떨어져 나와 이리저리 움직이는 전자다. 전자 이동에 필요한 성분은 우리가 숨 쉴 때 들이마시는 산소다. 산소가 전자를 잘 끌어당기기 때문이다. 이렇듯 우리는 몸속 세포가 전자를 먹고 전자를 뱉어내면서 만들어내는 에너지로 살아간다. 더군다나 전자의 흐름이 바로 전기이니, 우리는 결국 전기를 먹고 전기를 배설하는 것과 다름없다.

그런데 어떤 미생물들은 산소나 다른 기체를 들이마시지 않는다. 1980년대에 미국 서던 캘리포니아 Southern California 대학교의 생물학

**이어보기**

완전히 새로운 영역의 생물이
존재한다고? ··· 40

천 년 전에도
항생제가 있었다고? ··· 65

전기는 현대 인류 문명의 필수재지만, 어떤 미생물에게는 맛있는 점심에 불과할지도 모른다.

자 케네스 닐슨<sub>Kenneth Nealson</sub>이 발견한, 호수나 바다 밑바닥에 두껍게 쌓인 흙 속에서 발견한 특이한 세균들 이야기다. 이 미생물은 전기를 흐르게 하려고, 미생물 몸속의 전자를 몸 밖의 철을 이용해 배출했다. 순수한 전기를 배출했다는 뜻이다. 이상한 행동을 하는 세균들은 더 있다. 예를 들어, 음식을 먹고 그 음식에서 전자를 얻는 것이 아니라 날것 그대로의 전자를 집어삼키는 세균이 있다. 호수 밑 흙이 두껍게 쌓인 곳에 전극을 꽂으면 전극 주위로 몰려들어, 금속에서 흘러나오는 전자를 먹고 에너지를 만드는 세균도 있다. 순수한 전기를 '먹는' 세균들이 있는 셈이다.

미국 렌셀러 폴리테크닉 Rensselaer Polytechnic 대학교의 유리 고비 Yuri Gorby 연구단은 전기를 먹고 뱉는 것 외에도 신기한 재주를 가진 세균이 몇몇 있다고 발표했다. 주변에 전자가 없으면 전자를 찾으러 다니는 세균이었다. 이 세균은 가느다란 실을 만들어 내뿜었다. 실을 타고 전기가 이동했다. 이 실은 자연이 만들어낸 전선이나 다름없다. 세균들은 전선을 타고 전자를 얻기만 한 것이 아니라 버리기도 했다.

2010년 생물학자들은 세균이 단지 물체에만 플러그를 꽂는 것이 아니라는 증거를 내보였다. 세균과 세균이 서로에게 플러그를 꽂고 거대한 미생물 군집으로 이뤄진 자연의 발전소를 만

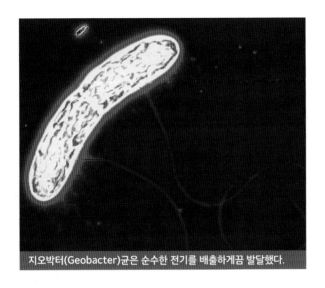
지오박터(Geobacter)균은 순수한 전기를 배출하게끔 발달했다.

들기도 했다. 미생물 사이에서 진짜 전기가 흘렀다. 2015년 독일 브레멘Bremen 대학교의 안테 뵈티우스Antje Boetius 연구단이 발견한 것이 바로 이 미생물 발전소였다.

생물학자들은 오래전부터 미생물들이 어떻게 메탄을 바다 밑바닥에 잡아두는지 알고 싶어 했다. 미생물이 메탄을 분해하지 않을까 짐작하면서 말이다. 그러나 미생물은 메탄을 분해하지 않았다. 전기를 만들기 위해 메탄을 붙잡아둘 뿐이었다. 전기를 흐르게 하려면, 전자를 버릴 곳으로 메탄이 필요하기 때문이었다. 뵈티우스 연구단은 서로 다른 미생물 집단이 연결돼 전기를 흐르게 한다고 생각했다.

이 발전소에는 또 다른 특이점도 있다. 메탄을 이용해 전기를 만드는 미생물이 세균과 근본적으로 다른 생명체인 고세균이라는 점이었다. 수십억 년 전 같은 조상에서 갈라져 나온 세균과 고세균은 진화론의 관점에서 봤을 때 사람과 떡갈나무보다 더 먼 사이지만 바다 밑에서 사이좋게 전기를 주고받는다. 세균과 고세균의 우정은 우리 인류에게는 참 고마운 일이다. 이 두 종류의 생명체가 만드는 전기 발전소가 없었더라면, 지구 온난화는 훨씬 더 심각한 문제였을 테니. 어쩌면 인류 멸종도 훨씬 가까워졌을지 모르겠다.

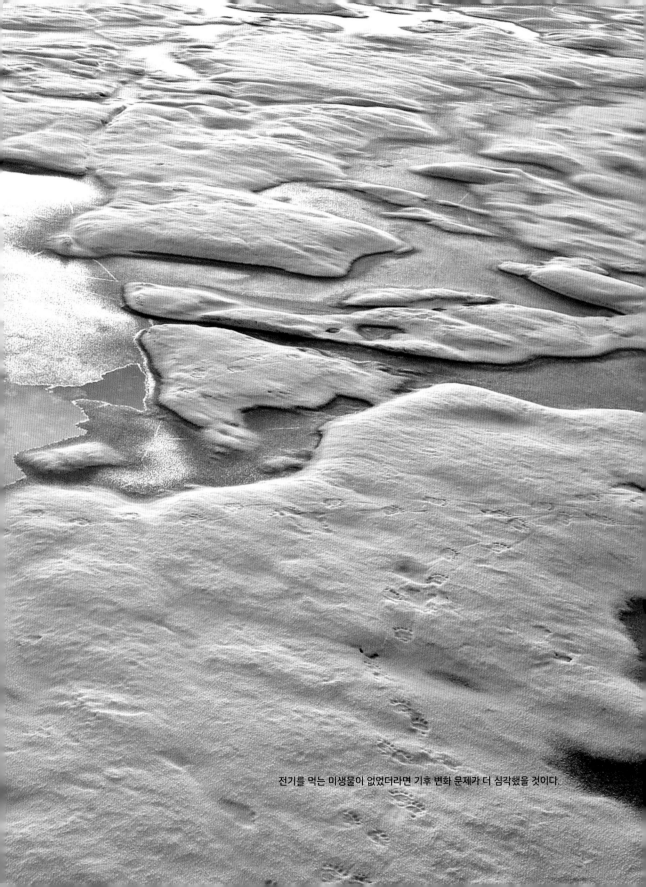
전기를 먹는 미생물이 없었더라면 기후 변화 문제가 더 심각했을 것이다.

# 완전히 새로운 영역의 생물이 존재한다고?

진화설의 등장 이래 과학자들은 지구의 모든 생명체가 35억 년 전 존재하던 하나의 생명체로부터 갈라져 진화했다고 믿는다. 마지막 공통 조상이라는 뜻에서 루카(Last Universal Common Ancestor)라고 불리는 이 생명체는 약 20억 년 전 단세포 집단인 세균, 또 다른 단세포 집단인 고세균, 그리고 진핵생물, 이렇게 세 종류로 갈라졌다. 지금까지 우리가 발견한 생명체는 모두 이 3개 영역으로 충분히 설명할 수 있다. 하지만 오늘날 '혹시 네 번째 영역이 있는 것은 아닐까?' 하는 기대가 꿈틀대고 있다.

지구에는 얼마나 많은 생물이 살고 있을까? 2016년의 추정에 따르면, 미생물만으로도 개체 수가 1천 개가 넘고, 종은 1조가 넘는다고 한다. 도대체 얼마나 많은 생명체가 지구에 머물러 있는지 상상만으로도 아득하다. 그런데 생물학자들은 이 많은 생명체를 칼로 두부 자르듯 크게 세균역 Bacteria, 고세균역 Archaea, 진핵생물역 Eukaryota, 세 영역으로 뚝뚝 나눠서 분류한다. 왜 하필 3개의 영역이냐고? 지금까지 과학자들이 조사해서 알아낸 생명체는 이 3개 영역만으로도 충분히 설명할 수 있었기 때문이다. 하지만 여기에는 이제껏 인류가 조사한 생명체의 종이 너무 적다는 분명한 한계가 존재한다. 우리가 아직 지구의 모든 생명체를 아는 것은 아니기 때문이다.

2016년 추정치가 정확하다면, 그러니까 미생물만도 종이 1조가

생명의 네 번째 영역을 찾기 위해서는 DNA를 분석 기술을 잘 활용해야 한다.

넘는다면 아직 우리는 지구에 사는 생물 종 중 모르는 녀석이 더 많다고 할 수 있다. 나머지 모든 종을 단 3개 영역으로만 설명할 수 있다고 장담하기는 어렵다. 네 번째 영역이 존재하리라는 합리적 의심이 들지 않는가? 하지만 네 번째 영역을 찾기란 여간 까다로운 일이 아니다. 만약 네 번째 영역에 속하는 생물이 존재한다면 맨눈으로는 절대 볼 수 없는 미생물일 확률이 높은데, 미생물은 대부분 실험실에서 배양해 연구하는 것이 사실상 불가능하기 때문이다.

이에 생물학자들은 실험실에서 미생물을 배양하는 대신 자연에서 채취한다는 해결책을 찾아냈다. 바다에서 바닷물을 한 바가지 떠내고, 흙을 한 삽 퍼다가 최첨단 기술로 DNA를 읽어내는 것이다. 이렇게 발견한 DNA가 우리가 이미 발견한 생물의 DNA와 완전히 다르게 보인다면, 신비로운 네 번째 영역에 속하는 미생물의 DNA일지도 모르지 않는가? 실제로 2011년에는 미국 캘리포니아California 대학교의 조너선 아이젠Jonathan Eisen과 크레이그 벤터Craig Venter 연구소의 크레이그 벤터가 완전히 새로운 DNA 서열을 발견하기도 했다. 바닷물 표본에서 발견된 2개의 유전자 그룹은 이전에 발견한 어떤 것과도 달랐다. 어쩌면 네 번째 영역에 속하는 미생물의 유전자는 아닐까?

아쉽게도 넓은 바다에 사는, 눈에 보이지도 않는 조그마한 미생물 중에서 완벽히 새로운 영역

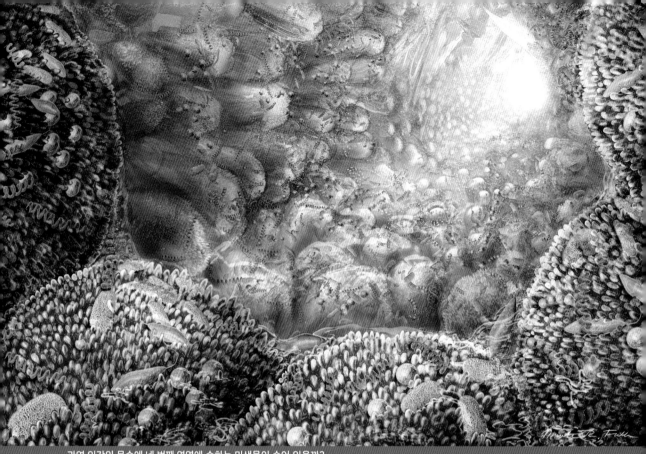

과연 인간의 몸속에 네 번째 영역에 속하는 미생물이 숨어 있을까?

에 속하는 녀석을 찾아내기란 아주아주 어려운 일이었다. 이에 비하면 모래벌판에서 바늘 찾는 일은 차라리 식은 죽 먹기다. 그렇다고 네 번째 영역을 찾는 일에 진전이 없는 것은 아니다. 등잔 밑이 어둡다는 속담처럼, 바로 우리 인간의 몸속에서 네 번째 영역의 후보를 발견할 조짐이 보이니까 말이다.

사람의 장에는 아주 많은 미생물이 사는데, 이를 통틀어 '장내 미생물 군집'이라 부른다. 장에 거주하는 미생물 전체를 가리키는 말이다. 지금까지 우리가 연구한 미생물은 대부분 바로 이 장내 미생물이었다. 프랑스 피에르 마리 퀴리Pierre-et-Marie-Curie 대학교의 에릭 바테스트Eric Bapteste 연구단이 네 번째 영역의 후보를 발견한 것도 바로 이 장내 미생물 군집이었다. 연구단은 장에서 채취한 표본의 모든 DNA를 샅샅이 뒤져 혹시라도 아예 새로운 배열이 있는지를 살폈고, 그 결과 완전히 새로운 배열의 DNA 조각을 수천 개나 찾아냈다.

이런 DNA 조각들이 네 번째 영역에 속하는 미생물의 것이라고 지금 당장 확신하긴 어렵다. 최소한 DNA 조각의 주인인 미생물을 찾아 연구해보기 전까지는 말이다. 그렇더라도 이 같은 작업을 헛수고로 치부할 수는 없다. 어쩌면 이 DNA 조각을 이용해 새로운 영역의 미생물을 찾아낼 수 있을지도 모른다. 적어도 DNA 조각의 주인이 인간의 장에 사는 것은 일아냈으니, 진짜 우리 몸속에 네 번째 영역에 속하는 미생물이 사는지는 곧 밝혀질 것이다.

# 영원히 젊게 살 비법이 있다고?

지구에는 아주 많은 생명이 살고 있다. 그런데 이 중에는 인간과 다르게 늙지 않고 아주아주 오래 사는 동식물이 있다. 미국 로키산맥에서 자라는 강털소나무, 차가운 북대서양에 사는 그린란드 상어, 아이슬란드에서 잡힌 조개 밍이 그런 녀석들이다. 인간에게도 이들처럼 불로장생할 방법이 있을까? 솔직히 영생과 불멸은 인류의 오랜 꿈이다. 몇몇 철학자는 영원한 삶이 인간처럼 생각하는 동물에게는 고통스러울 만큼 지루할 것이라고 주장하지만, 사람들은 죽음을 두려워하고 이를 피할 수만 있다면 뭐라도 하고 싶어 한다.

미국 로키산맥에서 자라는 강털소나무는 매우 특이한 줄기세포를 가지고 있다. 동물과 식물 모두에게서 찾아볼 수 있는 줄기세포는 새로운 조직을 만들어내는, 일명 생물학적 공장이다. 그런데 강털소나무의 줄기세포는 유난히 오래 건강하다. 무려 4600년 이상 세포가 늙지 않고 살아갈 정도다.

강털소나무처럼 늙지 않고 오래오래 사는 동물도 있다. 2016년 8월, 생물학자들은 그린란드 상어가 등뼈를 가진 가장 오래된 동물일지도 모른다고 밝혔다. 어떤 그린란드 상어는 나이가 무려 400살이 넘었다. 그린란드 상어는 어떻게 그렇게 오래 사는 걸까? 장수의 비결은 아직 잘 모르지만, 강털소나무와 그린란드 상어가 생물학적으로 '불멸의 생물'이라는 아주 특별한 집단으로 분류되는 것은 확실하다.

강털소나무의 세포는
도무지 늙지 않는다.

아이슬란드에서 발견한 조개, 밍은 500년도 넘게 살았다.

　불멸의 생물이라고 꼭 영원히 사는 것은 아니다. 병이 나거나 사나운 맹수에게 잡히면 꼼짝없이 죽을 수밖에 없다. 만약 환경이 급격하게 변해 먹이를 구하지 못하면 굶어 죽을 수도 있다. 하지만 이들이 '늙어 죽는' 일은 아주 드물다. 이 생물들의 세포는 갓 태어나서나 50년, 100년이 지나서나 전혀 늙지 않고 쌩쌩하다. 그렇다면 생물학적으로 영원히 사는 생명체들은 무엇이 다른 걸까?

　추운 날씨가 영향을 미치는 것일까? 그린란드 상어는 차가운 북대서양에 산다. 또, 2006년에는 아이슬란드 근처의 바다에서 500살 넘은 조개가 발견되기도 했다. 참고로 나무의 나이테처럼 조개도 껍데기의 생장선을 세보면 나이를 알 수 있다.

　캐나다 퀘벡 Quebec 대학교의 대니얼 먼로 Daniel Munro와 피에르 블리어 Pierre Blier는 '밍' Ming이라고 이름 붙인 이 조개의 세포가 노화를 일으키는 환경적 손상에 유달리 저항력이 강하다고 발표했다. 아마도 밍은 생물학적으로 불멸이었을 것이다. 건져 올릴 때만 해도 밍이 얼마나 중요한 조개인지 알지 못한 탓에 제대로 연구하기도 전에 실수로 죽음에 이르게 하고 말았지만.

　이런 생물들의 이야기를 듣다 보면 스멀스멀 이런 생각이 든다.

　'과학이 좀 더 발전하면 인간도 늙지 않고 영원히 살 수 있지 않을까?'

인간의 세포도 불멸에 도달하기 위해 노력하기는 한다. 실험을 거듭하다 결국 늙어 죽을 뿐이다. DNA는 세포 분열 때마다 조금씩 닳는데, 며칠이 걸리는 세포 주기를 50회 정도 돌면 다 닳아서 한계에 다다른다. 그런데 이 같은 인간의 세포 중에도 불멸의 세포가 하나 존재한다. 바로 '헬라' HeLa 세포다. 헬라 세포는 세포가 분열할 때 DNA가 닳는 것을 막는, 텔로미어라는 특별한 분자 덕분에 생물학적 불멸에 이르렀다.

헬라 세포는 암세포로, 1950년대 자궁경부암 환자였던 헨리에타 랙스 Henrietta Lacks에게서 추출했다. 생명력이 무척 강해 현재 질병 연구에 많이 활용되고 있으며 계

인간은 암세포로 불멸의 비밀을 밝혀냈다.

속 연구하다 보면 언젠가는 헬라 세포를 죽음에 이르게 하는 방법을 밝혀낼 수 있을지도 모른다. 그런데 잊지 말아야 할 점이 하나 있다. 헨리에타 랙스가 살던 1950년대는 미국에서도 인종과 남녀 차별이 극심했고, 헨리에타는 제대로 치료해줄 병원을 찾아 헤매야 했다. 그리고 헬라 세포는 흑인 여성이었던 그녀에게서 제대로 허락도 구하지 않고 추출한 것이다. 이 같은 역사 앞에서 지금 우리가 할 수 있는 일은 앞으로 이런 일이 없도록 노력하는 일뿐이다.

# 2 의료과학

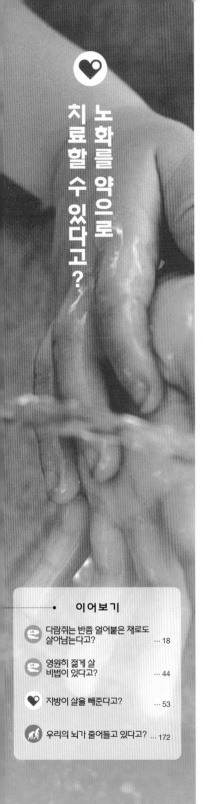

수많은 신화와 전설에는 불멸을 꿈꾸는 인간의 염원이 담겨 있다. 하지만 아직까지 이런 꿈같은 일이 실현됐다는 소식은 없다. '인간'이 아닌 '세포'는 '불멸'의 존재가 될 수도 있다는 사실을 헨리에타 랙스라는 흑인 여성의 세포, '헬라 세포'가 증명한 바 있지만 역설적이게도 헬라 세포는 암세포다. 이 암세포는 31세밖에 되지 않는 젊디젊은 헨리에타의 생명을 갉아먹었고, 헨리에타는 이른 나이에 세상을 떠났다. 영원히 살 수 없다면, 죽음을 좀 더 늦추는 방법은 없을까? 인간의 수명은 문명 이래 이미 놀라울 정도로 늘어났지만, 아직 한계에 부딪히지는 않았다.

♥

인간은 모두 늙는다. 누구나 그 사실을 알고 있다. 하지만 정말 그럴까? 불로장생할 방법이 정말 전혀 없는 것일까? 2015년 6월, 미국 식품 의약국 FDA Food and Drug Administration는 제2형 당뇨병의 치료제 메트포르민 metformin이 노화를 늦출 수 있는지를 알아보기 위한 임상 실험을 허가했다. 노화를 약물 치료 대상이라고 인정한 최초 사례였다.

1920년대 처음 합성된 메트포르민은 1950년대까지 주로 당뇨병 치료제로 사용됐다. 효과적으로 혈당 수치를 낮춰주는데다 값도 쌌기 때문이다. 평범한 당뇨병 치료제였던 메트포르민에 심상치 않은 효능이 있을지도 모른다는 의구심이 들기 시작한 것은 2005년 무렵이다. 메트포르민을 투여한 실험 동물이 생각보다 천천히 늙어간다는 사실을 발견한 것이다. 정확하게 말하자면 건강하게 오래

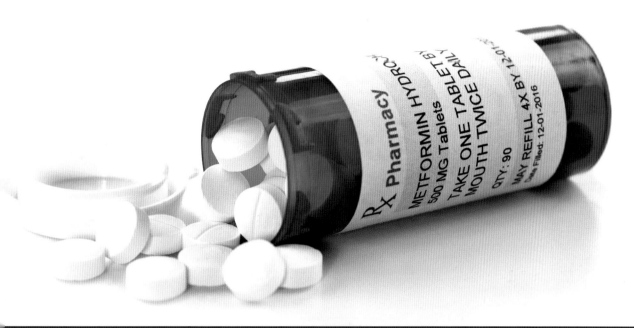

당뇨병 치료제 메트포르민을 먹은 실험실 동물들은 좀처럼 늙지 않는다.

오래 살았다. 메트포르민은 암에 걸린 동물에게도 효과가 있었다. 이 약을 투여하면 종양의 성장이 더뎌졌다. 과학자들은 당뇨병 때문에 메트포르민을 복용하는 환자도 연구했다. 이들은 심장질환이나 암에 걸릴 확률이 평균보다 낮았다. 이제 과학자들은 다음 질문을 준비하고 있다. 과연 메트포르민은 인간의 노화를 막고 죽음을 늦출 수 있을까?

미국 알버트 아인슈타인 Albert Einstein 의과대학교의 의사 니르 바질라이 Nir Barzilai 연구단은 이 질문에 답하기 위해 메트포르민의 노화 방지 연구 Targeting Aging with Metformin에 돌입했다. 이 연구에서 암과 심장병을 앓는 70대 참가자들에게 메트포르민을 투약할 예정이다. 메트포르민의 효능 확인을 위해 실험 대조군에게는 가짜 약을 처방할 것이다. 이 두 집단을 비교하면 메트포르민이 정말로 젊음을 지키고 수명을 늘리는 효과를 가지는지 확인할 수 있을 것이다.

인류는 수천 년 전부터 젊음의 샘 fountain of youth을 찾아 헤맸고, 과학자들은 메트포르민 말고도 지금껏 여러 번 이 샘을 찾은 듯했다. 비교적 최근에 포도 껍질과 붉은 포도주에서 발견한 화학물질 레스베라트롤 resveratrol도 그랬다. 인류의 오랜 꿈인 불로장생을 실현시켜줄 것처럼 보였던 레스베라트롤은 일부 다른 생명 종의 수명만 늘려줬을 뿐 인류의 기도에는 응답하지 않았다.

인류는 언제나 그리고 누구나 젊음의 샘을 찾아 헤맨다.

　노화를 늦출 확실한 방법이 한 가지 있기는 하다. 바로 엄격한 식단 제한이다. 과학자들은 수십 년 동안 연구를 통해 적게 먹은 실험실 동물이 더 오래 산다는 사실을 알아냈다. 아직 이유는 정확히 알지 못하지만 이것이 인간에게도 통하는 공식임은 확실하다. 실제로 어떤 사람들은 적게 먹고, 효과를 체험했다. 내부 장기가 보통 사람보다 천천히 늙어간 것이다. 그렇지만 다들 기왕이면 맛있는 음식을 마음껏 먹으며 더 오래 살고 싶으리라. 그러니 메트포르민의 연구 결과를 기다려보자. 어쩌면 강력한 노화 방지 약이 곧 우리를 더 오래 살게 해줄 수도 있으니까. 노화와의 기나긴 전쟁에서 드디어 인류가 승리할 수도 있다고 생각하니 그때가 언제쯤 올까 매우 기대된다.

지금부터 수수께끼를 하나 내겠다. 이것은 현대 의학이 풀어야 할 가장 어려운 숙제 중 하나다. 젊든 늙든, 가난뱅이든 부자든, 남자든 여자든 가리지 않고 사람들 사이에 급속히 퍼져나가고 있기 때문이다. 하지만 그 자체에는 전혀 전염성이 없다. 과연 이것은 무엇일까? 수수께끼의 답은 바로 '비만'이다. 오늘날, 비만은 전염성이 전혀 없음에도 불구하고 전염병처럼 보일 지경에 이르렀다. 말 다했다고 봐도 무방하리라. 한마디로, 현재 인류는 비만과의 전쟁 중이다. 그런데 2009년, 이 전쟁을 승리로 이끌 새로운 무기를 발견했다. 이 무기는 놀랍게도 지방이다!

비만은 어떻게 인류의 골칫거리가 된 걸까? 어디서든 손쉽게 구할 수 있는 값싼 가공식품이 문제일까? 아니면 또 다른 문제가 있는 걸까? 과체중인 장기 기증자에게서 장을 이식받은 환자가 갑자기 살찌기 시작했다는 일화를 보면 다른 원인도 있을 수 있겠지만, 원인이 무엇이든 결과는 같다. 우리 몸은 당장 사용하지 않을 여분의 에너지를 백색 지방 조직white adipose tissue에 저장한다. 흔히 백색 지방이라고 부른다. 비만은 이런 백색 지방이 과도하게 쌓인 상태인데, 지방 중에서 수는 적지만 작용 방식이 백색 지방과 다른 갈색 지방이라는 것이 있다. 갈색 지방은 여분의 에너지를 저장하는 대신 태워서 없애버린다. 그 과정에서 열도 방출한다.

갈색 지방은 추운 겨울 겨울잠을 자는 포유동물에게 열을 내는 중요한 수단이다. 아주 오래전에는 인류도 갈색 지방을 갖고 있었

● **이어보기**

영원히 젊게 살
비법이 있다고? ⋯ 44

우리 DNA에 멸종된 고인류의
흔적이 남아 있다고? ⋯ 138

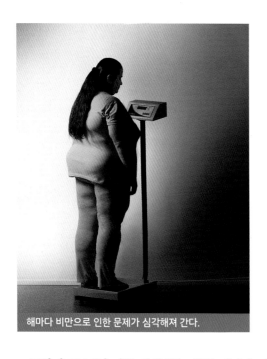
해마다 비만으로 인한 문제가 심각해져 간다.

다고 한다. 인류에게서 갈색 지방이 사라져 아쉽다고? 현생 인류에게서 갈색 지방이 모조리 사라졌다고 생각한다면 오산이다. 여전히 갈색 지방을 지닌 사람들도 있기는 하니까. 찬바람이 쌩쌩 불어도 몸을 부르르 떨 능력이 없는 갓난아기들은 아직도 갈색 지방을 태워 몸에 열을 낸다. 하지만 어른이 되면 갈색 지방을 모두 잃어버린다. 하나도 남김없이 죄다 사라져버린다. 적어도 몇 년 전까지만 해도 그렇게 생각했다. 그래서 오래전부터 갈색 지방의 존재를 알고 있었음에도 생물학자들이 별다른 연구를 하지 않았던 것이다.

그런데 2009년 이를 반박하는 연구 결과가 여럿 발표됐다. 성인이라도 목이나 가슴에 상당한 양의 갈색 지방이 축적돼 있다는 사실을 우연히 발견한 것이다. 과연 갈색 지방은 비만 문제의 해결사일까? 과학자들은 바쁘게 연구를 시작했다. 그 결과, 2012년 캐나다 셔브룩Sherbrooke 대학교 앙드레 카르펜티에르André Carpentier 연구단이 갈색 지방으로 비만을 해결할 수 있다는 연구 결과를 발표했다. 이 연구에 참여한 성인 남성 실험 참가자들은 아무 활동을 하지 않을 때조차 갈색 지방을 태워 열량을 소비했다. 한번 불붙은 갈색 지방을 모두 태우고 나면 백색 지방까지 태울 수 있다는 징후까지 발견했다. 연구 결과대로라면 이론상 운동하지 않고도 지방을 태울 수 있다는 뜻이다. 도대체 그게 무슨 방법이냐고? 어떻게 하면 되냐고?

아쉽지만 세상에 쉽기만 한 일은 없는 법이다. 실험 참가자들은 당시 온도가 18℃밖에 안 되는, 차가운 물이 흐르는 특수한 옷을 입고 있었다. 갈색 지방은 견딜 수 없이 춥다는 소리가 절로 나올 정도로 온도가 낮을 때 활성화되기 때문이다. 그뿐인가? 성인은 대부분 몸속에 갈색 지방이 거의 없다. 백색 지방까지 태우기란 생각보다 훨씬 힘든 일이다. 북극 원주민이라면 갈색 지방을 조금 더 가지고 있을 테지만, 인류는 대부분 북극보다 따뜻한 곳에 산다.

현재 과학자들은 성인의 몸속에서 갈색 지방을 늘릴 방법을 찾기 위해 애쓰고 있다. 특히 백

갓난아기는 갈색 지방을 태운 열로 추운 날씨를 견딘다.

색 지방을 갈색 지방으로 바꾸는 방법을 말이다. 꽤 희망적인 소식도 있다. 2012년 미국 하버드 Havard 의과대학교의 브루스 스피겔먼 Bruce Spiegelman 연구단이 포유동물의 몸속에서 발견한 제3의 지방, 베이지색 지방 이야기다. 베이지색 지방은 갈색 지방과 마찬가지로 에너지를 태운다. 백색 지방을 갈색 지방으로 바꾸는 것보다는 베이지색 지방으로 바꾸는 것이 좀 더 가능성 있지 않을까?

지금 당장 백색 지방을 베이지색 지방으로 바꾸기는 힘들다. 지금 이 순간 다이어트를 시작해야 한다면 적게 먹는 것도 좋은 방법이다. 아주 적게 먹는다면 누구라도 살이 빠질 테니. 소식小食은 장수의 비결이기도 하다. 일거양득이 아닌가? 하지만 그러고 싶지 않다면 궁극의 비만 치료제를 기다려라. 극단적으로 적게 먹거나 아주 차가운 환경에 노출되는 일 없이도 백색 지방을 베이지색 지방으로 바꿀 수 있다면, 그것이 바로 궁극의 비만 치료제일 것이다. 실제로 이런 약을 연구하는 과학자도 있다. 운동하지 않아도, 추운 곳에서 덜덜 떨지 않아도, 그리고 먹고 싶은 음식을 맘껏 먹고도 날씬한 날이 찾아오기를 기대해보자.

## 똥을 약에 쓴다고?

우리 몸에는 신체 부위별로 수도 많고 다양한 미생물이 군집해 살고 있다. 당연히 장에도 많은 미생물이 살고 있다. 우리는 이 장내 미생물의 군집을 마이크로바이옴이라 부른다. 그런데 지금까지의 연구에 따르면, 마이크로바이옴은 사람의 건강과 밀접하게 연관돼 있다. 이 미생물들을 활용해 만성적인 장 질환을 해결할 수도 있다. 방법이 무엇이냐고? 건강한 사람의 똥에 들어 있는 장내 미생물군을 환자의 장에 이식하는 것이다. 장기만 이식하던 시대가 막을 내리고, 미생물을 이식하는 시대가 도래한 것이다.

♥

15년 전까지만 해도 우리는 우리의 신체에 살고 있는 미생물을 연구할 엄두도 낼 수 없었다. 몸속에 살든 몸 밖에 살든 연구실에서 배양하기가 너무 어려웠기 때문이다. 이 미생물들은 누구보다 우리와 가깝지만 연구 자료로는 멀기만 했다. 유전학자들은 몸속의 미생물 수에 대해 인간의 세포 수보다 10배 정도 많지 않을까 짐작만 할 뿐이었다.

그렇지만 2016년 발표된 한 연구에 따르면, 우리 몸속에 사는 미생물의 숫자는 인간의 세포 수와 거의 비슷하거나 아무리 많아도 4조 정도라고 한다. 어떻게 미생물의 수를 정확히 알게 됐을까? 과학과 함께 장비들이 발전한 덕이다. 오늘날의 유전학자들은 새로운 첨단 장비를 이용해 DNA 표본을 잔뜩 늘어놓고 연구한다. 이 덕분에 과학자들은 특정 환경에 사는 미생물의 종류가 얼마나 다양한지도 알게 됐다. 이 중에서도 마이크로바이옴microbiome은 여러 의미로 인상 깊다. 일단 법의학자들의 발견을 들 수 있다. 법의학자들은 죽음 이후 마이크로바이옴이 예측 가능한 규칙적인 방식으로 변한다는 사실을 발견했다. 범죄 수사에 활용될 수 있는 새로운 도구가 생긴 셈이나.

마이크로바이옴에 가장 주목하는 것은 단연 의학계다. 미국 미네소타Minnesota 의과대학교의 알렉스 코러츠Alex Khoruts 연구단은 마이크로바이옴의 유전물질 수정이 가능함을 밝혀냈다. 만약 누군가의 장내 미생물에게 탈이 나면 의학적으로 고칠 수 있다는 뜻이다. 이 발견으로 인해 의학계에서는 분변 미생물군 이식Fecal Microbiota Transplantation이 화두로 떠올랐다. 인간의 대변에는 미생물이 산 채로 함께 들어 있는 경우가 있는데, 코러츠를 비롯한 많은 의학자가 건강한 기증자의 대변에서 추출한 미생물을 만성적인 장 질환을 앓는 환자에게 이식했다. 이식된 미생물은 환자의 장 속에서 자리를 잡고 새롭게 건강한 장내 미생물 생태계를 만들어냈다.

비위 약한 사람들에게 이런 분변 미생물 이식은 고역일 수도 있다. 특수 처리한 대변을 코에 관을 꽂고 위로 보내기 때문이다. 어떤 경우에는 마치 관장약처럼 주입하기도 한다. 그러나 잠깐의 비위 상함을 견뎌내면, 놀라운 효과를 경험할 수 있다. 인간이 만든 거의 모든 항생제에 내성을

기증자의 대변을 조심스럽게 처리한 뒤에 미생물을 이식해야 한다.

갖춘, 슈퍼바이러스에 감염된 사람들도 분변 미생물군 이식으로 인해 완벽하게 회복했다. 분변 미생물군 이식은 파킨슨병의 일부 증상 완화에까지 도움을 줬다.

그러나 세상에 부작용이 전혀 없는 약은 없나 보다. 과체중 기증자에게서 미생물을 이식받은 사람 중에 비만 문제를 호소하는 사람들이 있기 때문이다. 그들은 미생물 이식 때문에 살찐 것이 분명하다고 주장하지만, 아직까지 확실하지는 않다. 장내 세균으로 인해 비만 문제를 겪을 수 있다는 연구 결과가 존재하는 것은 사실이지만, 미생물을 이식받은 경우에도 비만을 일으키는지는 아직 불확실하기 때문이다. 하지만 돌다리도 두드린 다음에 건넌다고, 조심해서 나쁠 것은 없다. 미생물 기증자를 신중하게 선별하면 되는 문제니까. 충분히 예방 가능한 부작용에 놀랄 만한 효과를 생각해보면 미생물 이식은 앞으로도 빠르게 성장하지 않을까 싶다.

아참, 장내 미생물에 관심을 보이는 곳으로 미국 항공 우주국 NASA National Aeronautics and Space Administration도 있다. 지구 아닌 우주에서는 장내 미생물에게 어떤 변화가 생길까? 우주 비행사에게 혹시 특별한 의학적 관리가 필요한 것은 아닐까? NASA는 2015년부터 1년간 국제 우주 정거

1년 동안 무중력 상태에서 생활한 우주 비행사의 장 속 미생물이 실제로 변했다.

장 ISS International Space Station에서 임무를 수행한 우주 비행사 스콧 켈리 Scott Kelly의 장내 미생물을 자세히 관찰했다. 동시에 지구에 있는 쌍둥이 형제 마크 켈리 Mark Kelly의 장 속도 열심히 들여다보았다. 2030년까지 화성으로 유인 우주선을 쏘아 보낼 계획이니, 그 전까지 반드시 알아내야 할 숙제다.

**이어보기**

충치가 인류의 가장 큰 실수를
알려준다고?                      ··· 156

인류가 아직 문명사회에
적응하지 못했다고?              ··· 161

미생물들이 말라리아 치료제
공장에서 일한다고?

합성생물학은 공학 개념을 도입해 '표준화된' 생물학적 부품으로 기존의 생물 또는 완전히 새로운 생물을 만드는 분야다. 한마디로, 유전자 변형의 가장 극단적인 형태라고 할 수 있다. 그리고 지금 인류는 합성생물학을 활용해 샤프란, 스테비아, 바닐라 같은 물질을 얼마든지 만들 수 있다. 효모균을 이용하면 된다. 그런데 정작 마트에서 이렇게 합성한 식품들을 쉽게 찾아볼 수 없는 이유는 무엇일까? 이런 합성물질들에 무슨 문제라도 있는 것일까? 여기에 대해 말라리아 치료제 아르테미시닌을 둘러싼 소동이 답해줄 수 있지 않을까 싶다.

말라리아는 아직까지도 인류에게 큰 위협을 가하는 질병이다. 세계 보건 기구 WHO World Health Organization에 따르면, 전체 인류의 절반에 달하는 약 32억 명이 아직도 말라리아의 위험에서 벗어나지 못했다. 또한 2015년 한 해에만 사망 추정자가 약 50만 명이나 됐다. 그렇다고 너무 두려워할 필요는 없다. 말라리아 확산을 막기 위한 WHO의 노력이 성과를 거둬 2000년과 비교했을 때, 2015년의 말라리아 사망률은 약 60%가량 감소했다.

이처럼 극적인 변화의 주역은 중국에서 자라는 개똥쑥에서 추출한 아르테미시닌 artemisinin 성분이었다. 2000년대 초반 WHO는 개똥쑥에서 추출한 아르테미시닌을 말라리아 치료를 위한 표준성분으로 권고했고, 제약 회사들도 아르테미시닌이 함유된 치료약을 만들기 시작했다. 문제는 2004년까지 아르테미시닌 추출량이 적어

모기는 말라리아를 옮긴다. 말라리아는 인류 건강을 위협하는 무시 무시한 병이다.

아르테미시닌은 개똥쑥으로부터 자연적으로 얻을 수 있다.

치료제를 만드는 데 어려움이 많았다는 사실이다. 중국과 인근 지역의 전통 의약 지식만 빌려 아르테미시닌 함유 치료약을 만드는 데는 한계가 있었다.

　이 시기에 미국 캘리포니아California 대학교의 생물학자 제이 키슬링Jay Keasling이 해결책을 제안했다. 키슬링은 우리 시대의 대표적인 합성생물학자로 미생물에 식물 유전자를 주입해 살아 있는 화학 공장으로 만든 바 있었는데, 효모균을 의약품 대량 생산 미생물 공장으로 만들겠다는 야심만만한 계획을 세웠으나 어떤 의약품을 생산할지는 결정하지 못한 상태였다. 그러다 아르테미시닌을 발견한 것이다.

　2006년, 키슬링 연구단은 효모균의 유전자를 변형해 아르테미신산artemisinic acid을 대량 생산할 준비를 마쳤다. 이후 생산 능력 향상을 위해 제약 회사 사노피Sanofi와 협력했다. 2013년에는 불가리아에 위치한 상업용 발효기도 준비를 마쳤다. 여담이지만, 전통적으로 포도주를 마시는 나라는 19세기가 돼서야 맥주를 만드는 기술을 받아들였다. 따라서 불가리아에도 꽤 최근에 양조장이 들어섰다. 그런 불가리아의 화학 회사에서 당분을 분해해 알코올을 만들어내는 대신 말라리아 약의 핵심성분을 마구 만들어내는 새로운 효모균으로 발효통을 한가득 채우다니, 개인적으로

효모는 알코올 발효 외에도 또 다른
기능을 수행할 수 있다.

는 놀라울 따름이다.

다시 본론으로 돌아와서, 이 미생물 공장에서 생산된 아르테미니신산이 말라리아 치료약의 폭발적인 수요를 만족시켰을까? 솔직히 말해서 그렇지는 않다. 그렇지만 발효기가 기대만큼 능력을 발휘하지 못한 원인은 합성생물학에 있지 않았다. 냉혹한 비즈니스의 세계가 호락호락하지 않았을 뿐이다. 케슬링 연구단이 효모의 유전자 변형을 연구하는 동안, 아르테미시닌 시장은 급속히 불안정해졌다. 2004년 아르테미시닌 공급 부족의 문제가 불거지면서 농부들은 개똥쑥의 경제적 가치를 깨달았다. 돈이 된다는데 당연히 앞다퉈 개똥쑥 재배에 뛰어들지 않았겠는가? 이로 인해 공급 과잉 문제가 발생했고, 2007년에는 아르테미시닌 가격이 폭락했다. 이후 수요와 공급을 맞추려는 노력이 계속됐고, 합성 효모균이 만든 아르테미시닌이 시장에 뛰어들 준비를 마쳤을 때는 공급 문제가 해결된 다음이었다. 이미 시장이 안정됐는데, 뭐 하러 합성 아르테미니시닌을 쓰겠는가? 애초에 합성 아르테미시닌은 공급량 부족에 대한 비상 대비책일 따름이었으므로 공급이 안정된 상황에서는 쓸모가 없었다.

아르테미시닌을 둘러싼 이 같은 소동은 합성생물학이 마주한 문제를 잘 보여준다. 현대 과학은 효모균을 이용해 인류에게 필요한 화학물질을 손쉽게 생산할 수 있지만, 사람들은 미생물 공장을 싸늘하게 바라볼 뿐이다. 이유가 뭘까? 미생물 공장에 반대하는 사람들이 소리 높여 주장하는 것처럼 미생물 공장이 농부들의 생존을 위협하기 때문에? 아마 그보다 더 큰 문제는 사람들이 미생물 공장에서 생산한 물질을 미심쩍어한다는 데 있을 것이다. 유전자 조작 음식에 보이는 반사적인 거부감이 미생물 공장에서 생산한 화학물질에도 있는 것이다. 합성생물학 덕분에 미생물은 의심의 여지없이 아주 놀랍고도 유용한 생산 수단으로 전환했지만, 누구도 환영하지 않는 해결책으로 전락하고 말았다.

천 년 전에도
항생제가 있었다고?

20세기에 들어서면서 의학은 가히 혁명적으로 발전했다. 푸른곰팡이가 세균을 죽인다는 사실을 발견하고, 이를 원료로 페니실린을 개발한 덕분이었다. 이후 항생제는 제약 산업에서 말 그대로 가치를 매기기 어려울 만큼 중요한 위치를 차지했고, 항생제 산업은 날로 커갔다. 하지만 오늘날, 항생제 산업은 위기에 처했다. 제약 회사들이 큰돈이 되지 않는 항생제보다는 암이나 다른 치명적인 질병을 다루는 약 개발에 더 몰두하고 있기 때문이다. 곰곰이 생각해보면 이것은 정말 큰 문제이다. 세균이 정말 만만치 않은 상대기 때문이다.

세균들은 번식과 진화뿐만 아니라 항생제에 적응해 저항력을 갖추는 데도 빠르다. 심지어 이 같은 저항력을 다른 세균에게 나눠주기까지 한다. 자식에게만 DNA를 물려주는 인간, 동물과 달리 세균과 같은 미생물은 다른 미생물에게 자신의 DNA를 간단하게 줄 수 있다. 인간이 '수직적'으로 진화한다면 미생물은 '수평적 유전자 이동'으로 진화한다고 할 수 있다. 고로, 미생물은 유리한 생물학적 유전자를 그때그때 빠르게 얻을 수 있다.

세균의 항생제 저항력은 인간 때문에 빠르게 퍼지기도 한다. 항생제를 약처럼 직접, 또는 항생제에 섞인 사료를 먹고 자란 가축을 잡아먹는 것처럼 간접적으로 마구 섭취한다고 생각해보자. 어떻게 되겠는가? 세균은 약의 효과가 약한, 그러니까 만만한 항생제에 계속 노출됨으로써 내성을 갖출 만한 충분한 기회를 얻을 것이다. 이

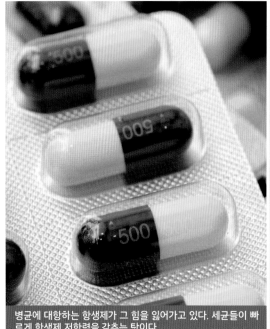

병균에 대항하는 항생제가 그 힘을 잃어가고 있다. 세균들이 빠르게 항생제 저항력을 갖추는 탓이다.

천 년 전 의학책, 《볼드 의서》에는 오늘날의 슈퍼박테리아를 때려잡을 요리법이 적혀 있다.

러다가 모든 항생제를 무력화시키는 슈퍼박테리아가 지구 곳곳으로 퍼지는 일은 단지 시간문제일 뿐이라며 잔뜩 겁먹은 사람들도 있다. 항생제 없이 맨몸으로 병균과 싸워야 했던 중세시대로 되돌아가기 일보 직전이라는 것이다.

항생제도 소용없는 초강력 세균, 슈퍼박테리아 문제를 해결하려면 정말 어떻게 해야 할까? 이 문제에 의외의 답을 찾은 사람들이 있다. 양피지에 알아보기도 힘든 고대 영어로 쓰인 아주 오래된 의학책 《볼드 의서》Bald's Leechbook에서 답을 찾은 사람들이다. 이 고대 의학책에는 눈병을 치료하는 요리법이 적혀 있는데, 2015년 영국 노팅엄 Nottingham 대학교의 크리스티나 리 Christina Lee와 동료들은 이 요리법에 따라 눈병을 치료해보기로 했다. 부추와 비슷하게 생긴 리크, 마늘, 소금, 소의 담즙을 섞어서 약을 만든 것이다. 과연 이 약의 효과는 어땠을까?

놀라울 정도로 효과가 좋았다. 이 약은 악명 높은 슈퍼박테리아 메티실린 내성 황색포도알균 MRSA methicillin-resistant Staphylococcus aureus infection을 몽땅 잡아냈다. 각각의 재료에는 특별한 효과가 없었기 때문에 과학자들은 뛰어난 약효의 비결이 이 재료들을 섞는 방식에 있다고 추측했다. 17세기까지 존재조차 알려지지 않았던 세균을 중세시대 약이 멋지게 때려잡는다니. 어쩌면 중세

흙 속엔 세균을 죽이는 미생물이 가득하다.

시대로 돌아가는 것도 나쁘지만은 않을 수 있겠다는 생각이 들지만, 그렇다고 오래된 책만 뒤적거리고 있을 수는 없는 노릇이다.

항생제 내성에 대한 공포는 과학자들까지 새로운 항생제를 잡으러 다니게끔 등을 떠밀었다. 새로운 항생제 사냥에 뛰어든 과학자들은 지구의 가장 외진 구석까지 샅샅이 뒤지기 시작했다. 노력의 결과, 2012년 바다 밑바닥에서 페니실린 원재료인 푸른곰팡이와 비슷한 균류를 찾아낼 수 있었다.

새로운 항생제는 바다뿐만 아니라 땅에도 있었다. 솔직히 실험실에서 배양 가능한 미생물의 숫자는 그리 많지 않다. 그렇지만 흙에서 표본을 채취해 DNA를 분석하면 새로운 항생제가 될 만한 유용한 유기체를 찾아낼 수 있다. 그러던 2015년, 미국 노스웨스턴 Northwestern 대학교의 킴 루이스 Kim Lewis 연구단이 미국 메인 주에서 채취한 흙 표본에서 새로운 종류의 항생제를 발견했다. 흙에서 항생제를 찾아 나선 이래로 30년 만에 이뤄낸 첫 번째 성과였다.

완전히 뜻밖의 곳에 숨어 있던 항생물질도 있다. 2016년, 독일 튀빙겐 Tübingen 대학교의 안드레아스 페셜 Andreas Peschel과 그의 동료들은 인간의 코에 사는 세균으로 항생제를 만들 수 있다는 사실을 알아냈다. 콧속 세균이 만든 자연의 항생물질은 인간의 몸을 슬금슬금 노리는 다른 세균들을 내쫓았다. 이 항생물질은 MRSA에도 효과가 있었다. 등잔 밑이 어두웠던 셈이다. 항생제가 코 아래, 아니 안에 있었다니! 퍼셜이 덧붙인 말처럼 우리가 우리 놈에 대해 더 연구한다면 인간의 몸속에서 새로운 항생제를 발견할지도 모른다.

자전거 타기처럼 몸으로 익힌 것은 절대로 잊히지 않는다고 한다. 그렇다면 몇 년 동안 자전거를 타지 않다가 다시 자전거 페달을 밟기 시작한 40대 남자 다렉 피디카의 이야기도 그리 놀라운 일이 아니다. 하지만 2016년 3월 그가 자전거를 탔다는 사실에 전 세계가 주목했다. 2010년 사고로 인해 척추 신경이 잘리고 신경이 마비돼 피디카가 가슴 아래로는 그 어떤 감각도 느낄 수 없는 상태였기 때문이다. 이때까지 손상된 척추 신경의 회복은 불가능하다 여겨왔다. 피디카의 회복은 척추 부상을 다루는 의학 기술의 현주소를 알려준다.

♥

신경계는 상상 이상으로 복잡하다. 그중에서도 척추는 그 복잡함이 끝에 달한다. 당연히 척추 부상 치료는 그야말로 진땀나는 일이다. 그 탓에 아주 최근까지도 척추 재생 치료는 꿈도 꿀 수 없었다. 하지만 이제는 그렇지 않다. 후강 덮개 세포 OEC<sup>olfactory</sup> <sup>ensheathing cell</sup> 덕분이다. 코의 뿌리 뒤쪽에는 뇌에서 후각을 담당하는 부위인 후각 신경구<sup>olfactory bulb</sup>가 있는데, 후강 덮개 세포는 이곳에서 후각 신경 세포를 재생한다.

영국 런던<sup>London</sup> 대학교의 제프 레이즈먼<sup>Geoff Raisman</sup> 연구단은 1977년 후강 덮개 세포가 척추 신경 세포도 재생한다는 사실을 발견했다. 척추가 손상된 쥐의 경우 손상 부위에 후강 덮개 세포를 주입하는 것만으로도 상처가 회복됐다.

2012년, 레이즈먼 연구단과 폴란드 브로츠와프<sup>Wrocław</sup> 의과대학

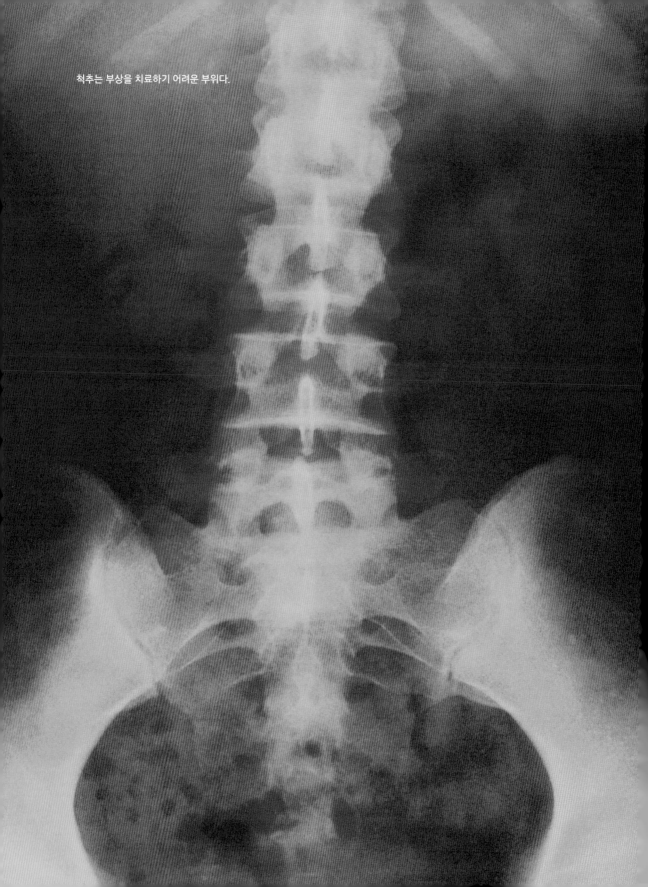

척추는 부상을 치료하기 어려운 부위다.

척추 부상 환자들이 가상현실 속 아바타를 조종하고 있다.

교 의료진은 실험 참가자들의 후각 신경구에서 후강 덮개 세포를 떼어내고, 실험실에서 배양한 후강 덮개 세포를 환자들의 척추의 상처 부위에 주입했다. 이때 신경 조직도 함께 주입했는데, 후강 덮개 세포들 가운데 다리를 놓기 위해서였다.

이 실험 참가자 중에는 2010년 등에 여러 번 칼을 맞고 척추가 마비된 다렉 피디카 Darek Fidyka란 환자도 있었다. 고작 3개월 뒤, 피디카의 허벅지 근육에 힘이 돌기 시작했다. 2년이 지나자 의료용 보행기의 도움을 받긴 했지만 걸을 수 있었다. 4년이 흐른 2016년에는 무려 세발자전거의 페달을 밟았다. 피디카는 다리 근육을 움직일 수 있을 뿐만 아니라 감각도 느낄 수 있었다.

한편, 미국 듀크 Duke 대학교의 의사 미겔 니콜레리스 Miguel Nicolelis도 환자들의 척추 마비가 회복 중이라고 알려왔다. 듀크 대학교에서도 후강 덮개 세포로 치료한 것이냐고? 그건 아니다. 결과는 같았지만, 치료법이 달랐다. 니콜레리스는 뇌파를 읽어내는 새로운 기술을 활용했다. 척추 환자를 대상으로 한 의료 실험에서 실험 참가자들이 근육을 움직일 때 사용하는 뇌파를 파악했다. 그 뒤에 실험 참가자들이 가상현실 헤드셋을 착용하고 컴퓨터가 만들어낸 가상의 아바타를 걷거나 뛰도록 움직이도록 했다. 생각만으로 걷는 법을 배운 것이다. 니콜레리스 연구단은 이를 뇌 훈련

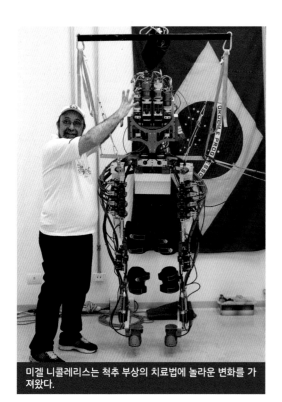

미겔 니콜레리스는 척추 부상의 치료법에 놀라운 변화를 가져왔다.

법이라고 설명했다.

아바타가 걷는 데 성공하면, 그다음은 실전이었다. 실험 참가자들은 멜빵바지처럼 입고 벗을 수 있는 로봇 다리를 착용한 뒤 이번에는 생각만으로 현실에서의 아바타인 로봇 다리를 움직였다. 마비된 다리를 움직인다는 생각으로 로봇 다리를 조종한 것이다. 솔직히 여기까지는 척추 신경을 치료했다고 보기 어렵다. 결국 움직인 것은 근육이 아니라 로봇이었기 때문이다.

그런데 얼마 뒤 신기한 일이 벌어졌다. 2016년 8명의 실험 참가자들이 하나둘씩 마비가 풀리고 근육에 힘이 돌아온 것이다. 8명 가운데 7명이 완전한 마비 상태에서 벗어나 부분 마비 상태로 호전됐다. 온전히 걷게 된 것은 아니지만, 심각한 척추 부상 이후 미약하게나마 근육의 힘이 돌아온 것은 확실히 주목할 만한 일이다. 어쩌면 이것은 인간의 '생각'이 가진 힘을 보여주는 단적인 사례일지도 모른다.

세계 곳곳에 장기를 기다리며 애 태우는 사람이 넘쳐난다. 영국에서만 매년 수백 명의 환자가 장기 이식을 기다리다 사망한다. 민관 협력체인 장기 이식 및 조달 협회에 따르면, 미국에서는 사망자의 수가 수천까지 늘어난다. 사후 장기 기증 장려 캠페인으로 문제를 해결할 수도 있겠지만 생명공학자들은 그들만의 방식으로 환자들에게 장기를 이식할 방법을 모색 중이다. 바로 3D 프린터를 활용한 방법이다. 조만간 환자들에게 필요한 장기를 프린터로 출력하는 세상이 올 테고, 그때가 되면 장기 이식을 받지 못해 사망하는 환자도 획기적으로 줄어들 것이다.

불과 얼마 전까지만 해도 놀라운 신기술의 상징이었던 3D 프린터는 이제 그 자체로 수천억 원 규모의 산업이다. 대부분의 보청기가 3D 프린터로 생산될 뿐만 아니라 하늘을 날아다니는 드론도 3D 프린터로 출력 가능하다. 미국의 자동차 제조사 로컬 모터스Local Motors는 개인이 3D 프린터로 자동차를 직접 출력하는 사업까지 기획 중이다. 심지어 3D 프린터로 항공기까지 출력하려는 시도가 이어지고 있다. 빠르게 성장해나가며 다양한 과학적 요구를 충족시켜야 하는 까다로운 항공 산업에서조차 앞으로는 3D 프린터 하나면 저렴하게 비행기를 뚝딱 뽑아낼 수 있게 될지 모르는 것이다. 이 가운데서 가장 흥미롭고 아마 쓸모 있는 출력물은 '바이오 프린팅' bio printing으로 찍어내는 인간의 장기일 것이다.

바이오 프린팅은 조직공학tissue engineering의 발전 덕분에 가능해

이미 3D 프린터로 인공 뼈를 만드는 기술이 개발됐다.

졌다. 지난 10여 년 동안 조직공학은 의학 목적으로 만들어진 인공 신체를 환자에게 이식하겠다는 목표로 기술을 발전시켜왔다. 조직공학에서 인공 신체를 만들 때 사용하는 재료는 미생물이 분해 가능한 생분해성 플라스틱 bio-degradable plastic이다. 이 플라스틱 장기에 인간의 세포를 뿌리면, 플라스틱 장기를 지지대 삼아 세포가 자란다. 세포가 다 자라면 필요 없어진 플라스틱은 분해돼 저절로 떨어져 나간다. 그러면 세포로 만든 건강한 장기만 남으니 장기가 필요한 사람에게 이식하기만 하면 된다.

조직공학으로 만든 인공 장기의 가장 큰 장점은 환자 자신의 세포로 만들 수 있다는 점이다. 다른 사람의 장기를 이식받을 경우 거부 반응이 일어날 수도 있다는 점이 골칫거리지만, 실험실에서 환자 자신의 세포로 만든 인공 장기에 환자가 거부 반응을 보일 리 없다. 미국 웨이크 포레스트 Wake Forest 대학교의 재생의학 Regenerative medicine 연구소 앤서니 아탈라 Anthony Atala 연구단은 조직공학 기술로 만든 인공 방광

과 요도 이식에도 성공했다. 아탈라 연구단은 2014년 실험실에서 만들어 이식할 수 있는 신체 부위 목록에 질도 추가했다.

모든 인공 장기를 실험실에서 만들어내지 않는 까닭은 아직 기술이 그만큼 발전하지 못한 탓이다. 지금껏 만들어낸 인공 장기는 풍선이나 관처럼 생긴 비교적 단순한 부위였다. 어느 정도로 단순했느냐 하면, 아탈라 연구단은 지지대로 사용하는 플라스틱 장기를 환자의 장기로 본뜨는 대신 손으로 대충 빚어서 만든 적도 있었다.

좀 더 복잡하고 정교한 신체 부위를 만들어내기 위해 이제 3D 프린터가 나설 차례다. 3D 프린터는 아무리 복잡하고 만들기 까다로운 구조라도 순식간에 출력해낸다. 아탈라 연구단은 3D 프린터로 간이나 신장 같은 복잡한 장기를 출력하려 하고 있다. 실험 제작에도 성공했다. 3D 프린터를 이용해 플라스틱 신장을 만들어낸 것이다.

이제부터는 정말 모든 인공 장기를 실험실에서 만들어내면 되겠다고? 아쉽게도 여전히 그럴 수는 없다. 현재의 기술로는 신장 안에 거미줄처럼 뻗어 있는 혈관까지

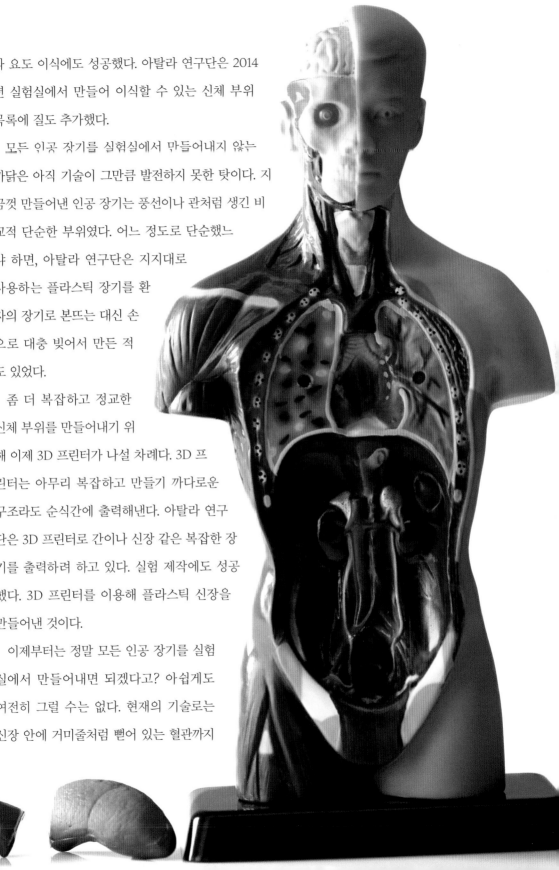

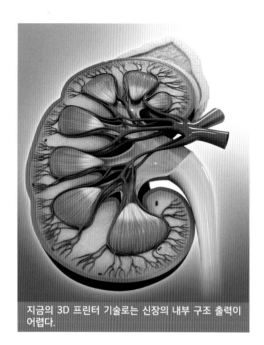
지금의 3D 프린터 기술로는 신장의 내부 구조 출력이 어렵다.

3D 프린터로 출력할 수 없기 때문이다. 혈관까지 출력해내려면 아직도 갈 길이 멀다. 제대로 된 플라스틱 콩팥을 출력한다 할지라도, 그 위로 세포를 뿌려 진짜 신장을 만들어내기까지는 더 멀고 험난한 길을 거쳐야 할 것이다. 그렇다 해도 아탈라 연구단이 만든 플라스틱 신장 모형은 미래에 만들어질 진짜 장기의 희망적인 신호탄임은 분명하다. 만약 이들이 성공한다면, 3D 프린터는 우리의 삶을 구하는 훌륭한 의료 장비가 될 것이다.

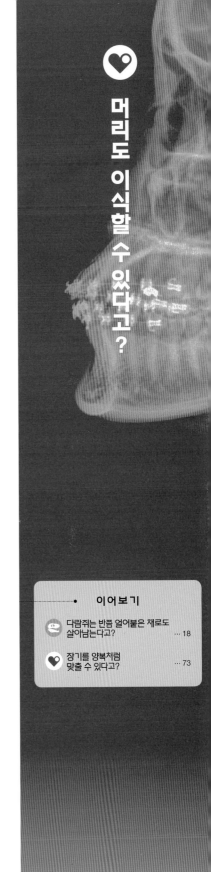

머리도 이식할 수 있다고?

2016년 초, 중국 하얼빈 의과대학교의 신경과학자들은 원숭이의 머리를 잘라내 다른 원숭이의 몸에 꿰매놓은 정말이지 끔찍한 사진을 공개했다. 인간의 머리를 이식할 수 있을지 없을지 원숭이로 미리 실험해본 것이다. 그리고 2017년 말, 2명의 뇌사자끼리 머리 이식 수술 실험을 했다는 사실이 공식적으로 발표됐다. 연구진은 이식이 성공적이었다고 밝혔지만, 뇌사자들끼리의 교환이었기에 정확한 사실을 확인하기는 어렵다. 뇌사자가 일어나서 정상적으로 말하고, 움직이기는 불가능하니까. 인간의 머리는 정말 이식이 가능한 것일까?

이탈리아의 외과 의사 세르조 카나베로 Sergio Canavero는 2014년 6월, 미국의 신경과학회 컨퍼런스에 참여해 사람의 머리를 다른 사람의 몸에 이식하는 계획을 소개했다. 이 때문에 '프랑켄슈타인 박사'라는 별명까지 얻었지만, 그는 포기하지 않고 이듬해 2년 내로 머리 이식 수술을 할 계획이라고 밝히기까지 했다. 카나베로는 사지가 마비된 몸에서 머리를 떼어내 이제 막 죽음을 맞이한, 살아생전 건강하던 기증자의 몸에 이식할 계획이었다. 그는 이 수술이 몸을 움직일 수 없는 사람을 돕는 방법이라고 굳게 믿고 있다.

하지만 그의 믿음은 거센 저항을 피할 수 없다. 도덕주의자들은 물론 의사, 과학자 들까지 입을 모아 머리 이식은 과학적으로 안정성이 입증되지 않은 터무니없는 망상이라고 지적한다. 모두 매우 타당한 반대다. 뇌처럼 민감한 기관은 단 몇 분 동안이라도 산소를 공

세르조 카나베로는 인류 최초로 머리 이식 수술을 계획하고 있다.

급받지 못하면 치명적으로 손상된다. 게다가 목 주위의 모든 근육을 어떻게 정확하게 꿰맬 수 있단 말인가. 여기에 더해 척수는 아주 복잡하다. 한번 잘랐다가 완벽하게 다시 붙인다는 것은 기적에 가깝다. 만에 하나 수술이 성공하더라도, 낯선 몸에 적응하는 문제가 남아 있다. 새로운 몸을 갖게 된 사람의 정체성은 매우 고통스러운 방향으로 변할지도 모른다.

하지만 카나베로는 이 모든 문제를 해결할 수 있다며 자신만만하다. 세상 모든 일에는 해결책이 있기 마련이라며 말이다. 어떻게 생각하면 틀린 말도 아니다. 도무지 고칠 수 없는 절망적인 상태로 치부되던 척추 마비를 떠올려보라. 어쩌면 우리는 조만간 척추 마비를 정복할 수 있을지도 모른다. 완벽한 하반신 마비 상태에서 근육의 움직임과 감각이 약간 돌아온 부분 마비 상태로 회복한 예도 있고 말다.

산소 부족으로 인한 뇌 손상 위험도 수술 전 몸의 온도를 낮춤으로써 어느 정도 방지할 수 있다. 카나베로는 원숭이 실험에서 이 방법을 이미 사용했다고 밝혔다. 겨울잠을 자며 몸 온도를 낮추는, 혹은 스스로 냉동되는 동물을 잘 연구하면 인간의 몸을 얼려 머리를 이식하는 일도 불가능만은 아닐 것이다. 척수 문제도 해결이 불가능하진 않다. 카나베로는 2017년 뇌사자들의 머리

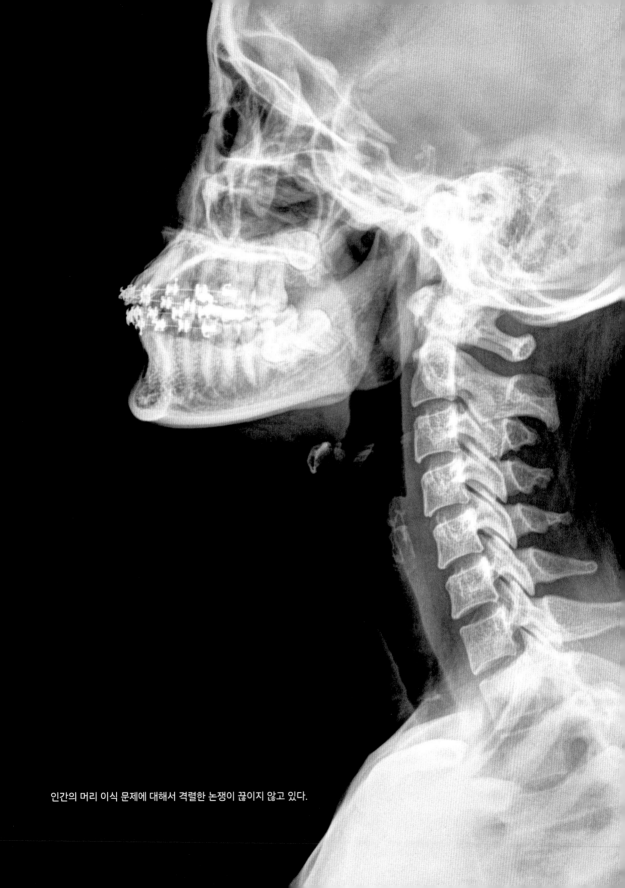

인간의 머리 이식 문제에 대해서 격렬한 논쟁이 끊이지 않고 있다.

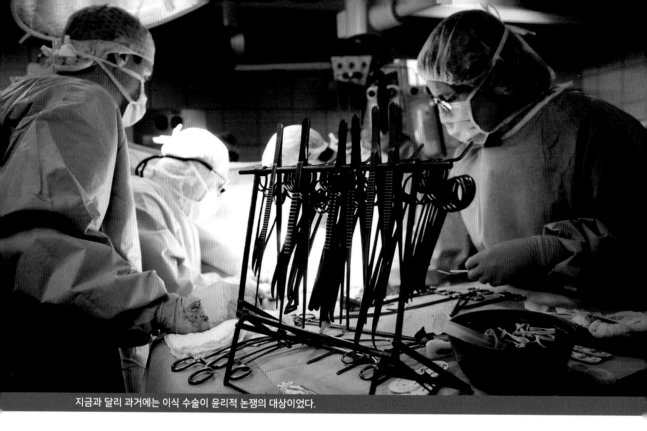

지금과 달리 과거에는 이식 수술이 윤리적 논쟁의 대상이었다.

를 바꿔 달며 절단된 척추 사이의 틈새를 채우기 위해 특수 신소재로 축삭과 신경 세포를 성장시키는 방법을 고안했다고 주장하기도 했다.

심리적인 문제는 사실 누가 알겠는가. 어떤 문제가 생길지는 아무도 알 수 없다. 그렇지만 가상현실 기술이 발전하고 있고, 심리학자들은 인간의 마음을 연구하는 새로운 방법을 찾으려 노력하고 있다. 가상현실에서는 성별, 민족, 나이를 포함해 모든 것을 바꿀 수 있다. 이런 가상현실에서라면 머리를 바꾸는 일도 그다지 큰 문제는 아닐지 모른다.

카나베로는 이 같은 머리 이식 연구를 '헤븐Heaven 프로젝트'라고 부른다. '머리 접합 벤처The HEAd anastomosis VENture 프로젝트'를 줄여서 '헤븐'이라고 부르는 것이다. 이 헤븐 프로젝트에 가장 적극적으로 참여하고 있는 사람은 중국 하얼빈Härbin 의과대학교 런 샤오핑Ren Xiaoping 교수다. 한국 건국Konkuk 대학교 의학 전문 대학교의 김시윤 교수도 참여 중이다. 의학계의 많은 사람이 헤븐 프로젝트에 반대하는 상황에서, 김시윤 교수는 이렇게 이야기한다. "사지를 움직일 수 없어 평생을 고통받고 있는 환자 입장에서 뇌사자의 사지를 이식받는 것과 장기 이식이 윤리적으로 크게 다르지 않다"고 말이다.

머리 이식에 얽힌 것과 비슷한 논쟁은 과거에도 있었다. 1950년 리처드 롤러 Richard Lawler가 최초로 신장 이식에 성공했을 때, 의학계는 신의 영역을 침범했다며 롤러를 비난하고 배척했다. 심지어 1990년대 초까지도 영국에서 신장 이식 수술을 주도한 의사의 면허가 박탈되고, 그를 도운 다른 의사들도 면허 정지를 낭했나. 그렇지만 오늘날에는 어떤가? 신장 이식 수술을 한 의사를 비난하고 배척하는가?

오늘날 대부분의 과학자가 머리 이식은 무조건 안 된다며 비판부터 한다. 우선은 완벽하고 성공적인 수술이 가능해질 때까지 연구에 연구를 거듭해야 한다고 말한다. 하지만 만약에 그런 성공적인 수술이 가능하다면 그때는 윤리적인 문제를 철저하게 검토해야 한다고 주장할 것이 뻔하다. 신장 이식 수술에서 그랬던 것처럼. 어쩌면 신장 이식이 처음 시도될 때와 똑같은 일이 머리 이식 수술에 대해서도 벌어질 수도 있겠다.

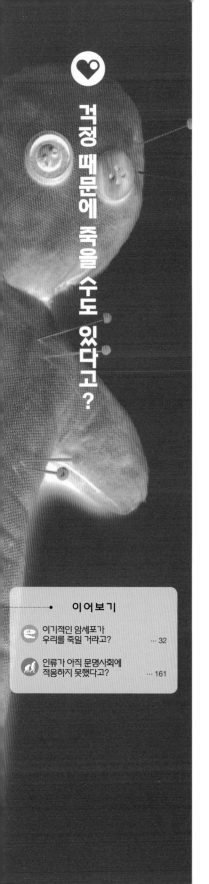

**이어보기**

이기적인 암세포가
우리를 죽일 거라고?    … 32

인류가 아직 문명사회에
적응하지 못했다고?    … 161

1970년대, 의사가 한 남자에게 말기 간암을 선고했다. 몇 달 안으로 사망할 것이라는 시한부 선고를 받은 남자는 실제로 기한 내에 죽었다. 그런데 죽은 뒤에 부검해보니 남자의 암 종양은 너무도 작아서 절대로 사람을 죽일 수 없었다. 남자는 암이 아니라 '암으로 죽을 것이라는 믿음' 때문에 죽었다. 남자는 과학자들이 '노시보 효과'라고 부르는 해괴망측한 현상의 희생자였다. 노시보 효과는 병에 걸렸다는 믿음만으로 병이 심해지는 현상으로, 먹었다는 믿음만으로 병이 낫는 현상인 플라세보 효과의 쌍둥이 동생이다. 착한 형에 나쁜 동생인 셈이다.

❤

그동안 플라세보 placebo 효과에 관한 연구는 활발했지만, 노시보 nocebo 효과에 대해서는 딱히 이렇다 할 연구가 없었다. 2012년 독일 튀빙겐 Tübingen 대학병원의 폴 엥크 Paul Enck 연구단이 노시보 효과의 사례를 찾아 목록을 작성하기 전까지 말이다. 이 연구를 통해, 사람들은 곧 건강이 나빠지리라는 통보만으로도 실제로 건강이 아주 나빠지는 노시보 현상이 놀라울 정도로 흔하다는 것을 알게 됐다. 말기 간암을 선고받은 남자가 그랬듯 노시보 효과 때문에 죽음에 이를 수도 있었다.

엥크 연구단은 다음과 같은 사례도 발견했다. 임상 실험에 참여해 항우울제를 복용하던 20대 남성이 있었다. 이 남성은 약물을 과다 복용해 혈압이 위험한 수준까지 떨어졌다. 다행히 누군가 발견하고, 급히 병원으로 옮겨 응급 치료를 받게 했다. 여기까지는 전혀

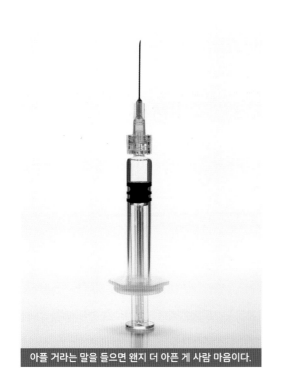
아플 거라는 말을 들으면 왠지 더 아픈 게 사람 마음이다.

이상해 보이지 않지만, 사실 그가 먹은 약은 항우울제가 아니라 설탕이었다.

일반적으로 새로운 약을 실험할 때 한 무리에게는 진짜 약을 주지만 다른 한 무리, 통제 집단에게는 가짜 약을 준다. 두 집단을 비교해 약효를 살펴보기 위해서다. 실험에 참여한 사람들은 자신이 어떤 집단에 속했는지 알지 못하지만, 이 남자는 자신이 먹은 약이 틀림없이 진짜 약이라고 믿었다. 그 믿음에 반응해 남자의 몸도 마치 약물을 과다 복용한 것처럼 반응했지만 진실을 알게 되자, 남자의 몸은 씻은 듯이 나았다.

노시보 효과는 왜 일어나는 걸까? 어쩌면 신앙심과 관련이 있을지도 모른다. 과학이 발달한 사회에서 사람들은 현대 의학을 깊게 신뢰한다. 혹여나 의사가 잘못된 진단을 내리더라도 이를 그대로 믿어버릴 가능성이 높다. 잘못된 진단이 엄청난 결과를 초래할 수 있는 것이다. 노시보 효과가 꼭 의학에만 한정되지는 않는다는 사실이 이 점을 뒷받침한다. 예를 들어, 부두교와 어둠의 힘을 믿는 사람은 저주받았다는 소리를 듣자마자 시름시름 앓는다. 저주의 실체가 노시보 효과인 줄 모르고 말이다.

그러나 이 같은 설명은 뭔가 석연치 않은 점이 있다. 의사나 약을 믿을 리 없는 동물에서도 비슷한 사례를 찾아볼 수 있기 때문이다. 어쩌면 걱정 때문에 노시보 현상이 일어나는 것인지도 모른다. 병에 걸렸다는 말을 들으면 사람은 불안해진다. 불안해지면, 우리 몸에서 아픔을 느끼는 기관인 통증 수용기의 활동이 활발해지고, 결과적으로 고통이 심해진다. 동물도 불안할 때 더 민감하게 고통을 느낀다.

고대부터 의사들이 하는 히포크라테스 선서에는 "환자의 건강을 가장 우선적으로 배려"하라는 내용이 나온다. 의사들은 기꺼이 이에 따르지만 1970년대 암 환자가 그랬듯, 의사의 말이 강력

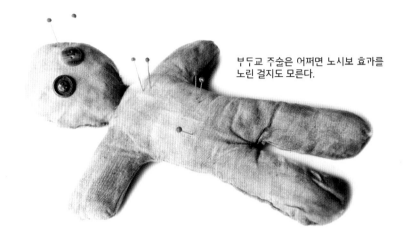

부두교 주술은 어쩌면 노시보 효과를 노린 걸지도 모른다.

한 영향력을 행사함으로써 환자의 건강을 배려하지 못하는 경우가 생길지 모른다. 이에 엥크 연구단은 2012년 발표한 논문에서 환자의 상태가 위독하다면 치료제의 부작용에 대해서 언급하지 않는 것도 고려해야 한다고 주장했다. 부작용을 언급하는 것만으로도 실제로 그 부작용을 초래하는 불상사를 막기 위해서다. 암 같은 질병은 치료하는 것만으로도 힘든데, 환자가 쓸데없이 더 아프기라도 하면 곤란하다. 치료제의 부작용에 대해서라면, 말 그대로 모르는 게 약일 수도 있다. 노시보 효과의 원인은 대체 무엇일까? 알아내려 애쓰고는 있지만, 아직 정확한 원인은 알 수 없다. 그렇지만 원인과 상관없이 노시보 효과는 연구할수록 의사들을 고민에 휩싸이게 만든다.

그렇다면 의사들은 환자들에게 약의 부작용을 알려주지 말아야 하는 것일까?

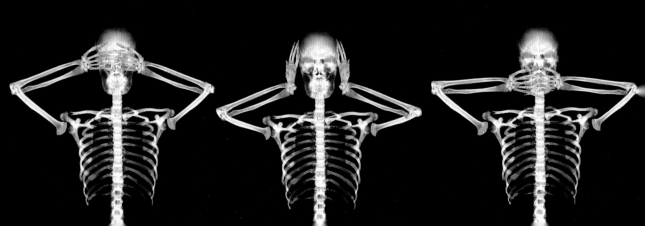

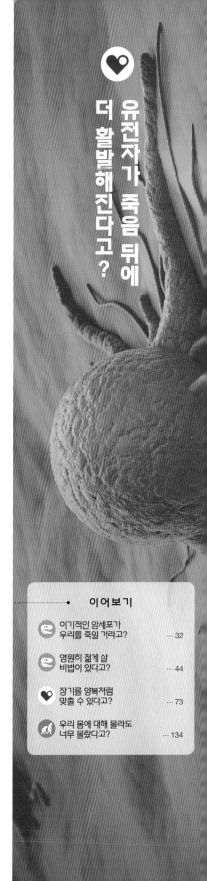

숨이 멎은 뒤, 신체에는 무슨 일이 벌어질까? 희미하던 심장 박동이 아예 멈춰버리고, 싸늘하게 식어버린 몸이 뻣뻣하게 굳으면서 죽음을 맞이한다고? 맞는 말이다. 그런데 2016년, 죽음에 대해 새롭게 발견된 사실이 하나 있다. 과학자들은 생명활동에 대한 새로운 미스터리를 발견했다. 새롭게 발견된 죽음의 미스터리는…… 숨이 멎은 뒤에도 수백 개의 유전자가 여전히 살아서 꿈틀댄다는 사실이다. 도대체 이게 무슨 일까? 이 세포들의 이상 행동에는 무슨 의미가 있는 것일까? 이제 그 미스터리를 풀어야 할 시간이다.

'죽음 뒤에도 활발하게 활동하는 유전자'는 2016년 온갖 과학 기사의 머리글을 장식하며 흥미를 끌었다. 하지만 이 같은 연구 결과를 그저 단순한 흥밋거리로 치부할 수는 없다. 실질적으로 과학적인 가치가 있는 발견이었으니까 말이다. 이 사실을 발견한 것은 미국 워싱턴 Washington 대학교의 미생물학자 피터 노블 Peter Noble의 연구단이다.

피터 노블 연구단은 사후 세포 속 유전자 기계가 어떻게 작동을 멈추는지 살펴보기 위해 죽음을 맞이한 쥐와 얼룩물고기의 세포 조직 표본을 2시간마다 총 나흘간 채취하고, 어떤 유전활동이 일어나는지 표본을 관찰했다. 그러자 놀라운 일이 일어났다. 쥐와 얼룩물고기의 유전자 모두 최소 사후 48시간 동안 계속 활동한 것이다. 심지어 일부 유전자는 시간이 지날수록 더 활발하게 활동했다.

암 관련 유전자 가운데 일부는 우리가 죽은 뒤, 더 활발하게 활동할지도 모른다.

이런 활동은 혹시 죽은 몸을 되살리려는 유전자의 간절하고 헛된 노력이 아닐까? 계속 이유를 찾고 있지만, 노블 연구단도 아직 이런 일이 일어나는 이유를 속 시원하게 설명하지는 못한다. 다만 죽은 뒤 몇 시간 동안은 평소와 비슷하게 활동하는 염증, 스트레스에 대한 반응, 면역 체계와 관련된 유전자들이 하루가 지난 뒤 더 활발하게 활동해진다는 사실만 추가로 확인했을 뿐이다.

이와 같은 기이한 현상을 보이는 것은 암 관련 유전자도 마찬가지다. 우리는 이 사실을 눈여겨볼 필요가 있다. 장기 이식자들의 암 발병률이 높다는 것은 이미 잘 알려진 사실이지만, 이제껏 그 이유를 확실하게 밝혀낸 사람은 아무도 없다. 단지 이식한 신체를 외부 병원균의 침입으로 착각하고 공격하는 것을 막기 위해 복용하는, 면역 체계를 억제하는 약물의 부작용이 아닐까 의심할 뿐이었다. 그러나 노블 연구단의 발표로 인해, 이제는 다른 이유를 의심해볼 수도 있다. 만약 쥐나 얼룩물고기와 마찬가지로 인간의 유전자도 죽음 이후에도 활동을 계속한다면? 장기 이식 때 활동 스위치가 켜진 암 유전자도 함께 이식받는 것일지도 모른다. 어떤 의미에서는 죽은 장기 기증자의 암을 '물려받았다'라고도 표현할 수 있다. 건강한 몸에 이식된 암 유전자가 이후 활동을 멈출 것이라 기대하기는 어려울 것이다. 이 가설이 진짜라면, 과학자들은 인공 장기를 만들려는

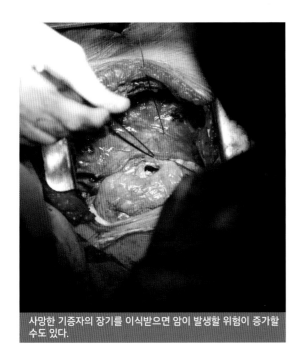
사망한 기증자의 장기를 이식받으면 암이 발생할 위험이 증가할 수도 있다.

노력에 더욱 박차를 가해야 한다.

노블 연구단의 발표에는 또 다른 과학적 가치도 있다. 법의학자들은 언제나 피해자의 사망 시각을 더 정교하게 추정할 방법을 찾는다. 만약 죽은 사람의 몸에서 유전자의 활동이 예측 가능한 방식으로 이뤄진다면 법의학자들에게 편리한 도구가 하나 더 생기는 일이다. 노블 연구단의 초기 연구 결과에 따르면 여러 유전자를 함께 묶어 분석했을 때 정확한 사망 시각을 알 수 있었다고 하니, 영 가망 없는 이야기는 아닌 듯하다.

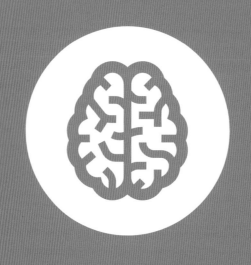

# 3 두뇌과학

# 독심술이 과학이라고?

'구조', '회사', '의심'…… 마치 물속에서 외치는 소리처럼 웅웅거리고 희미하지만, 무슨 단어인지 또렷히 알 수 있었다. 실험 참가자 중 누구도 소리 내 말하지 않았는데 말이다. 무슨 실험이었냐고? 컴퓨터만으로 뇌 활동을 분석해 무엇을 보고 들었는지 알아내는 실험이었다. 과학의 발전으로 우리는 이제 뇌 활동의 기록과 분석을 통해 사람들이 보고 들은 것을 알아낼 수 있게 됐다. 여기서 끝이 아니라 속으로만 되뇌는 생각까지 엿들을 수 있다. 어쩌면 이제껏 초능력이라고만 생각하던 독심술이나 텔레파시를 앞으로는 '과학'이라고 불러야 할지도 모른다.

그동안 뇌과학자들은 뇌의 작동 방식을 이해하려 열심히 연구해 왔다. 그리고 이 같은 연구의 성과는 사뭇 놀랍다. 오늘날 뇌과학은 사람의 마음, 그러니까 생각을 엿들을 수 있는 수준으로 발전했으니까 말이다. 무슨 황당한 소리냐고? 지금부터 자세히 설명하겠다.

뇌과학자들은 아주 단순한 실험부터 차근차근 시작했다. 실험 참가자들에게 선으로만 된 단순한 그림과 단어를 줄지어 보여주고, 연달아 들려주는 동안 특수한 스캐너를 이용해 실험 참가자들의 뇌 활동을 기록하는 실험이었다. 이 실험에서 각각의 단어나 그림에 대해 뇌가 어떻게 반응하는지 눈여겨본 결과 뇌과학자들은 뇌의 반응만 보고서도 실험 참가자가 무엇을 보고 들었는지 알아맞히는 경지에 이르렀다. 정말 신기하고 놀랍다고? 아직 놀라기는 이르다. 이것만으로도 확실히 믿을 수 없을 만큼 놀랍지만, 뇌과학자

뇌는 더 이상 알 수 없는 미지의 영역이 아니다.

들은 여기서 한 걸음 더 내디뎠다. 실험 참가자들에게 과학자들이 본 적조차 없는, 완전히 새로운 그림을 보여준 다음, 마치 암호를 풀듯 뇌의 반응만으로 알아내 컴퓨터 화면에 다시 그려낸 것이다.

이 놀랍고도 신기한 실험에 가장 처음 성공한 것은 일본 국제 전기통신 기초기술 연구소 ATR Advanced Telecommunications Research Institute International의 유키야스 가미타니 Yukiyasu Kamitani 연구단이다. 2009년, 가미타니 연구단은 10×10픽셀의 간단한 격자무늬에 흑백 그림을 그려 실험 참가자들에게 보여주고 뇌 활동을 분석했다. 연구단은 실험을 진행하며 격자무늬의 크기를 100×100픽셀까지 늘렸다. 이는 실험 참가자가 본 1만 개 픽셀의 하나하나가 하얀지 까만지 참가자의 뇌 반응만을 보고 알아냈다는 뜻이다. 2011년에는 미국 캘리포니아 California 대학교의 뇌과학자 잭 갤런트 Jack Gallant 연구단이 비슷한 방법으로 실험 참가자가 보던 유튜브 Youtube 동영상을 흐릿한 저해상도의 재구성하는 데 성공했다. 갤런트는 수십 년 뒤에는 사람의 꿈 해킹도 가능할 것이라며 자신만만하게 말했다.

캘리포니아 대학교의 또 다른 뇌과학자 브라이언 파슬리 Brian Pasley는 음성 분야에서 비슷한 성공을 거뒀다. 2012년 파슬리 연구단은 컴퓨터 프로그램을 이용해서 실험 참가자가 들은 '구조',

뇌과학자들은 링컨의 연설문을 조용히 눈으로 읽는 사람들의 마음을 엿듣는 데 성공했다.

'회사', 그리고 '의심'을 포함한 음성 입력을 뇌 반응만으로 재구성해냈다. 2014년에는 실제로 듣는 소리가 아니라 속으로 되뇌는 소리에 대한 실험을 후속 연구로 진행했다. 실험 참가자들은 링컨의 게티즈버그 Gettysburg 연설문을 조용히 눈으로 읽었다. 파슬리 연구단은 지난번과 마찬가지로 뇌의 활동을 분석함으로써 사람들이 눈으로 읽었을 뿐인 개별 단어 재구성에 성공했다.

어찌 보면 섬뜩한 결과라고 할 수도 있다. 마치 사생활의 종말처럼 들리기도 한다. 하지만 실험 참가자가 오랫동안 자료를 보고 듣고, 동시에 뇌 활동을 기록하고 분석하는 일을 기꺼이 허락하지 않았더라면 위와 같은 결과는 절대 얻을 수 없었을 테니 안심하라. 또한, 이 세상에는 장애로 인해 말하는 일이 숨차게 힘겨운 사람들도 있다. 그들에게 이런 실험 결과는 끔찍한 사생활의 종말이 아니라 미래의 원활한 의사소통을 꿈꾸게 하는 희망찬 결과일지도 모른다.

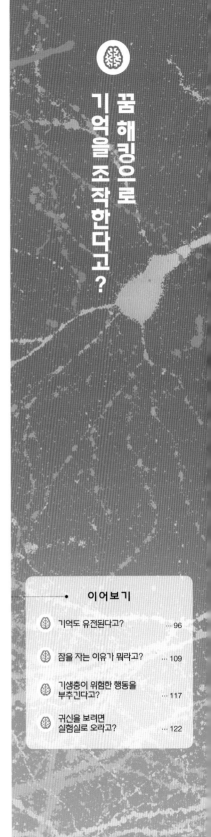
릴리형 구조의 실험 장치 한구석, 몹시 기대에 찬 눈빛으로 쥐들이 모여 있다. 전 날 실험에서는 팔각형 공간을 아무렇게나 마구 돌아다녔는데 말이다. 쥐들이 이 처럼 변한 이유는 무엇일까? 비밀은 바로 꿈 해킹이다. 과학자들은 쥐의 꿈을 해 킹해 실험 장치 한구석에서 푸짐하게 보상받는 기억을 심어줬다. 그러자 이튿날, 쥐들은 아무런 고민 없이 가짜 기억에서 보상받은 바로 그 구석으로 직행하더니 잠자코 보상을 기다렸다. 쥐의 꿈속에 가짜 기억을 심어 뇌를 조작하는, 그런 말도 안 되는 일을 인류가 해낸 것이다!

뇌과학자들은 오래전부터 잠, 특히 꿈이 기억 형성에 큰 역할을 한다고 생각해왔다. 꿈을 통해 기억을 바꾼다는 내용의 《이터널 선 샤인》Eternal Sunshine Of The Spotless Mind, 2004이나 《인셉션》Inception, 2010 같은 영화가 완전히 허무맹랑한 판타지는 아니었던 셈이다. 물론 과학자들에게 이런 질문을 하면 "꿈속으로 몰래 들어가 기억을 조 작한다니, 과학은 SF 영화가 아니다"라는 말과 함께 불가능하다는 답변을 들었을 테지만 말이다.

그런데 2015년 한 연구가 이런 생각을 산산조각 내버렸다. 프랑 스 국립 과학 연구소의 카림 벵케나네Karim Benchenane 연구단이 뇌 활동에 관한 이전 연구 결과를 기반으로 꿈을 통한 기억 조작의 가 능성을 입증했기 때문이다.

벵케나네 연구단이 참고한 이전 연구는 다음과 같다. 첫 번째로,

가짜 기억을 이식받은 쥐.

'위치 세포' place cell 연구다. 벵케나네 연구딘이 침고한 연구에 따르면, 뇌 속에는 마치 생물학적 GPS 같은 '위치 세포'가 있다. 각각의 위치 세포는 활성화되는 특정 장소가 따로 있다. 쉽게 말해 A 장소에 가면 A 위치 세포가 활성화되고, B 장소에 가면 B 위치 세포가 활성화된다. 두 번째 참고 연구는 맛있는 음식 같은 보상이 주어질 때, 뇌의 어느 부분이 활성화되는지에 대한 연구였다. 마지막으로 참고한 연구는 깨어 있는 동안 학습한 내용을 잠자는 동안 꿈을 통해 처리한다는 내용이었다. 마지막 내용은 그간 연구라기보단 주장에 가까웠지만, 다양한 연구와 실험을 통해 점점 설득력을 얻고 있다.

이러한 연구 결과들을 종합해, 벵케나네 연구단은 꿈 조작이 가능하다는 가설을 세우고 다음과 같은 실험을 진행했다. 일단 꿈을 꾸는 동물 중 쥐를 실험 동물로 선택했다. 참고로, 모든 포유동물과 새는 자는 동안 꿈을 꾼다. 연구단은 쥐에게 휴대용 뇌 스캐너를 달아 작은 실험 공간에서 자유롭게 움직이게끔 하고, 이때 뇌의 어떤 위치 세포가 활성화되는지 주의 깊게 관찰했다. 몇 시간 뒤 쥐들이 돌아다니기를 멈추고 낮잠이 들었다.

과학자들은 쥐들의 뇌 활동을 가만히 지켜봤다. 가만히 실험 공간의 특정 구석, 이를테면 C 장소의 위치 세포가 활성화되기를 잠자코 기다린 것이다. 드디어 기다리던 C 장소의 위치 세포가 활성화되자 과학자들은 잽싸게 쥐의 뇌 속에서 보상과 관련된 부위를 자극했다. 이렇게 함으로써 C 장소가 보상이라는 개념과 이어져 쥐들이 실제로 보상받았다고 믿기를 바랐다. 놀랍게도 쥐들은 정말로 보상을 받았다고 믿는 듯했다. 깨어나자마자 쪼르르 C 장소로 달려가 무언가 기대하는 모습을 보인 것이다.

오늘날의 뇌과학은 생각과 꿈의 조작이 가능할 정도로 발전했다. 이를 두고 디스토피아적인 어두운 상상을 하며 걱정하는 사람들도 있지만, 외상 후 스트레스 장애 PTSD post traumatic stress

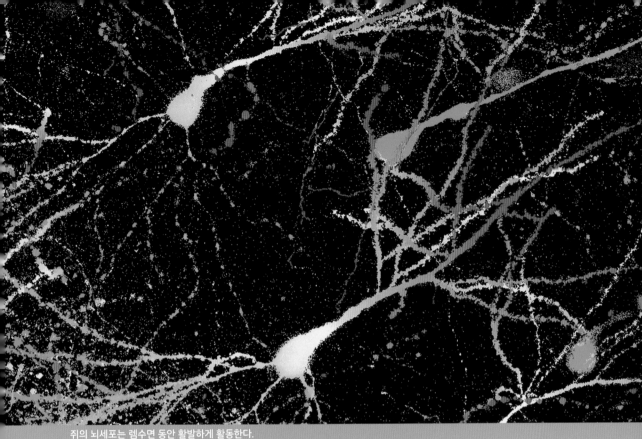

쥐의 뇌세포는 렘수면 동안 활발하게 활동한다.

disorder처럼 정신 질환에 시달리는 사람들은 이 결과를 달리 해석할 수도 있다. 만약 사람의 꿈을 읽고 그 꿈을 수정할 수 있다면, 사람들의 기억에 딱 달라붙은 고통스러운 경험을 떼어내는 일이 가능할지도 모르지 않는가?

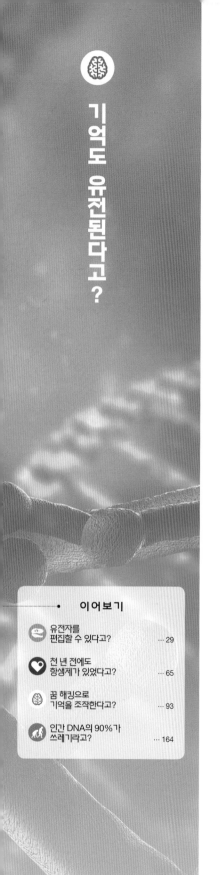

# 기억도 유전된다고?

학창 시절, 학교 옆에 맛있는 빵집이 있었고 하굣길마다 달콤한 빵 냄새를 맡았다면 빵 내음이 날 때마다 친구들과 깔깔거리며 걷던 학교 앞 골목길이 떠오를 것이다. 빵집이 아니라 분식집, 꽃집이어도 마찬가지다. 하굣길마다 떡볶이를 먹었든 향기로운 꽃 주변을 지나쳤든 어쨌든 그 냄새를 맡을 때면 그때 그 시절이 떠오를 테니까. 냄새는 이처럼 기억을 불러일으킨다. 이것은 쥐에게도 마찬가지다. 쥐도 냄새를 맡으면 기억이 환기된다. 그런데 놀랍게도 한 실험에서 쥐들은 태어나기도 전, 할머니와 할아버지가 느꼈던 불쾌한 기억을 떠올렸다.

부모는 자식에게 많은 것을 물려준다. 키와 얼굴 같은 생김새부터 오른손잡인지 왼손잡이인지까지 부모의 유전자가 결정한다. 유전이 아니라 환경도 많은 영향을 미치겠지만, 어쨌든 부모가 유전자를 통해 자신의 생물학적 특징을 자녀에게 전달하는 것은 분명하다. 그렇지만 유전자가 모든 것을 전달하는 것은 아니다. 대표적인 것이 바로 경험이다. 자식은 언어, 자전거 타는 법, 면역 체계 모두 다시 경험하고 새로 배워야 한다. 기억도 마찬가지다. 그런데 2013년 미국 에모리 Emory 대학교의 뇌신경과학자 브라이언 디아스 Brian Dias 연구단은 자식에게 기억을 물려준다고 주장했다.

이 주장의 근거가 되는 실험은 다음과 같다. 디아스 연구단은 달콤한 냄새를 피우면서 쥐에게 전기 충격을 가했다. 같은 일을 반복하자 실험용 쥐는 달콤한 냄새를 맡으면 전기 충격이 없어도 공포

에 질렸다. 냄새와 전기 충격의 연결을 학습한 것이다. 이어진 실험에서 실험 쥐의 자식은 달콤한 냄새를 맡자 벌벌 떨며 몸을 웅크렸다. 자식의 자식, 즉 손주까지도 같은 반응을 보였다. 아무 훈련도 받지 않았는데도 말이다. 이쯤 되면 쥐는 원래 달콤한 냄새를 싫어하는 건 아닐지 의심스럽기도 하지만, 학습되지 않은 일반 쥐는 달콤한 냄새를 조금도 두려워하지 않았다. 일반 쥐의 자식과 손주들도 냄새에 대한 두려움이 전혀 없었다. 실험 쥐가 자신의 학습된 기억을 후손에게 물려줬다고 볼 수밖에 없었다.

이 연구 결과에 대한 의심의 눈초리도 만만치 않기는 하다. 제아무리 중요하고 강력한 기억도 유전물질인 DNA를 변형시키지는 못하기 때문이다. DNA가 아니라면 도대체 무슨 수로 기억을 자식에게 전달한단 말인가. 이것은 매우 타당한 의심이다. 하지만 어쩌면 의외의 곳에서 답을 찾을 수 있을지도 모른다. 유전정보의 총합인 유전체genome에는 유전정보를 전달하지 않아 쓸모없다고 여겨지는 DNA가 있다. 이 부분을 더 자세히 연구하면 유전자가 작동하는 새로운 방식을 알아낼 수도 있다. 수십 년 전만 해도 세균이 학습 경험을 DNA에 새겨 다음 세대로 전달한다는 사실을 상상조차 하지 못했으나 최근 연구가 이것이 가능함을 입증한 것처럼 말이다. 만약 세균이

경험은 유전자 발현에 관여한다.

어떤 쥐는 마치 부모의 기억을 물려받은 듯 행동했다.

DNA를 통해 경험을 전달할 수 있다면, 동물 세포가 그러지 못하리란 법은 없다.

사실 유전체는 우리가 살면서 얻는 경험으로 인해 변형된다. 화학적 분자가 DNA의 특정 부위에 들러붙어 유전자의 활동 정도를 조절하는데, 활동성을 줄이기도 하고 늘리기도 한다. 아무런 활동도 하지 못하도록 아예 꺼버릴 수도 있다. 다만 태어난 뒤 경험을 통해 습득한 후성적 epigenetic 변화는 정자나 난자 안에서 모두 초기화된다는 것이 일반적인 견해다. 자식은 부모의 후성적 영향이 모두 제거된, 빈 서판처럼 깨끗한 DNA를 물려받는다는 뜻이다.

2016년 영국 케임브리지 Cambridge 대학교의 생물학자 제롬 줄리앙 Jerome Jullien 연구단은 이러한 일반적인 견해에 도전장을 내밀었다. 후대에 경험을 전달하는 방법을 또 하나 소개한 것이다. 줄리앙 연구단은 개구리의 정자가 DNA뿐만 아니라 후성적 꼬리표 epigenetic tag도 함께 자식에게 물려준다고 주장했다. 후성적 꼬리표는 유전자의 활동을 조절하는 일종의 화학적 스위치다. 유전자를 변형시키지는 않지만, 어떤 유전자를 발현시키고 어떤 유전자를 억제할지를 결정할 수 있다. 올챙이의 정상적인 발달에도 후성적 꼬리표가 중요한 역할을 하는 것으로 보였다. 후성적 꼬리표가 정말로 자식 세대에게 전달된다면, 경험과 기억도 전달된다고 생각해볼 수 있다. 이와 관련하여 더 많은 연구가 이뤄져야 하겠지만, 언젠가는 우리의 기억이 태어나기도 전에 만들어진다는 것이 사실로 판명될지도 모른다.

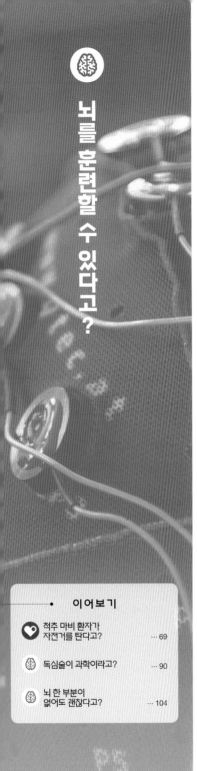

지난 세월, 뇌 훈련은 헛된 노력으로 치부됐다. 성인의 뇌 형태와 기능은 바뀌지 않는다고 생각했기 때문이다. 나이를 먹으며 바뀌는 부분이 혹시 있다면, 노화에 따른 쇠퇴일 따름이었다. 파킨슨병처럼 말이다. 파킨슨병 환자는 근육이 뻣뻣해지면서 점차 걷기 어려워지고, 병이 진행되면서 치매 증상을 보이기도 한다. 이 무시무시한 병은 아직 별다른 치료제도 없다. 그런데 2016년 한 연구에 따르면 파킨슨병 환자가 자기 자신을 치료하게 될지도 모른다. 말 그대로 스스로 돕는다고 할 수 있다. 머릿속 생각을 잘 통제하기만 하면 된다.

런던의 명물 택시인 블랙 캡 Black Cab을 아는가? 블랙 캡은 동그란 헤드램프와 클래식한 모양새의 라디에이터 그릴, 육중한 차체의 개성 있는 모양새를 통해 영국 런던 거리의 상징으로 자리 잡았다. 런던을 상징하는 택시인 만큼 블랙 캡 운전사가 되기란 아주 어렵다. '지식'The Knowledge이라는 아주 까다로운 면허 시험에 통과해야 하는 탓이다. 얼마나 까다롭냐면 런던 시내의 2만 5천 개가 넘는 도로를 죄다 외워서 지도나 내비게이션 없이 목적지에 도달할 가장 효율적인 길을 찾아내야만 한다. 시험에 통과하기까지 3년에서 4년 정도가 걸린다고 하니, 그 어려움을 짐작하고도 남는다.

2000년, 영국 유니버시티 칼리지 런던University College London의 엘리너 매과이어 Eleanor Maguire 연구단은 블랙캡 운전사의 해마 뒷부분이 일반인보다 더 크다는 사실을 발견했다. 해마는 기억과 공간

런던의 택시 운전사가 도로 정보를 암기하자 뇌에 변화가 일어났다.

탐색을 담당하는 뇌 부위다. 매과이어 연구단은 택시 운전사가 열심히 길을 외우려고 노력한 덕에 뇌가 발달했으리라 결론지었다.

하지만 이것을 반대로 해석하는 사람들도 있었다. 남들보다 해마가 크면 원래 암기 능력이 뛰어날지도 모른다는 것이었다. 뇌 훈련을 해서 해마가 커진 것이 아니라 원래 해마가 컸을 가능성이 있다는 지적이었다. 이에 매과이어 연구단은 2011년 후속 연구로 택시 면허 공부를 시작하는 순간부터 마치는 순간까지 관찰함으로써 반대 지적을 잠재웠다. 공부 시작 시 실험 참가자의 해마 크기는 모두 엇비슷했지만 공부를 마칠 때 보니 시험 통과자의 해마 크기가 포기자보다 더 커져 있었기 때문이다.

일련의 실험을 통해 '뇌 훈련'은 단숨에 주목받았다. 2013년에는 뇌의 특정 부분이 죽는 날까지 새로운 뇌세포를 만들어낸다는 연구 결과가 발표됨으로써 뇌 훈련이 가능하다는 주장을 단단히 뒷받침했다. 이제 많은 뇌과학자가 뇌를 올바르게 훈련하면 우리의 삶이 실제로 바뀐다고 주장한다. 대표 사례로, 파킨슨병 환자를 대상으로 진행한 다음 실험을 꼽을 수 있다.

영국 카디피 Cardiff 대학교의 데이비드 린든 David Linden 연구단은 2016년 실험 참가자의 손 근육

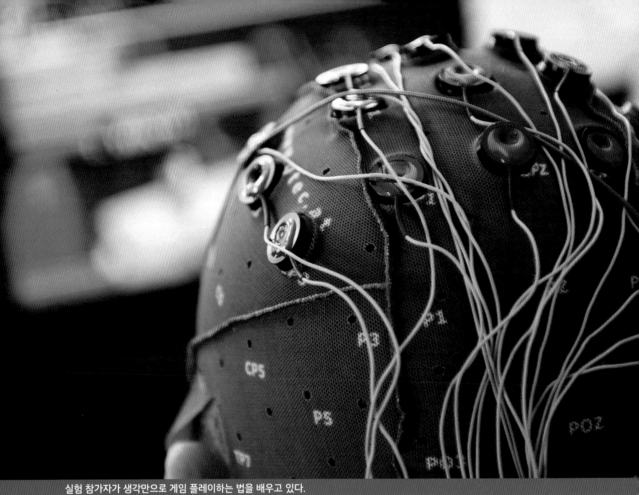

실험 참가자가 생각만으로 게임 플레이하는 법을 배우고 있다.

이 움직일 때 뇌가 어떻게 활동하는지 뇌 스캔으로 자세히 지켜봤다. 이후 실험 참가자가 손을 움직인다고 상상하며 간단한 게임을 하는 동안, 연구단은 참가자의 뇌 활동을 기록하며 이 기록이 실시간으로 게임에 반영되게끔 했다. 실험 참가자가 머릿속 생각, 그러니까 뇌 활동을 잘 조절할 수록 게임 결과가 더 잘 나오게끔 실험을 설계한 것이다. 연구 결과, 실험에 참여했던 파킨슨병 환자는 게임뿐만이 아니라 일상생활에서도 손을 더 잘 움직일 수 있었다. 이에 현재 뇌 훈련을 통해 여러 마비 증상을 치료할 방법을 찾고 있다. 뇌 훈련을 받은 마비 환자가 걷기 재활 훈련에서 큰 성과를 보이기도 했다.

그렇지만 뇌 훈련에 싸늘한 눈길을 보내는 사람도 적지는 않다. 2014년에는 뇌과학계를 이끄는 과학자 70명이 뇌 훈련은 별다른 효과가 없다며 공동 성명을 발표했다. 이를 반박하기 위해 또 다른 과학자 120명이 뇌 훈련은 실질적인 효과가 있다며 역시 공동성명을 발표했지만 말이다.

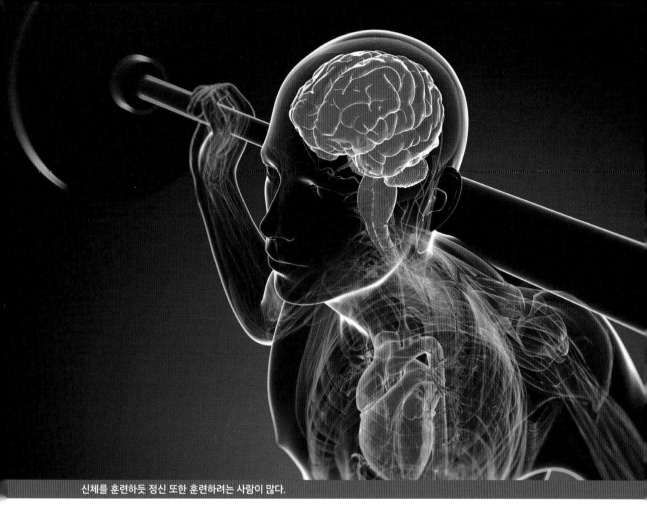

신체를 훈련하듯 정신 또한 훈련하려는 사람이 많다.

솔직히 뇌 훈련을 통해 삶을 바꾸려는 발상은 오랜 시간 동안 우여곡절을 겪었다. 몇몇 놀라운 실험이 성인의 뇌는 절대 좋아지지 않는다는 굳은 믿음을 깨버리기는 했지만, 좀 더 극적인 계기가 없다면 아주 오랫동안 가져온 믿음이 완전히 바뀌기란 어려운 일일 것이다. 누구의 주장이 옳은지도 아직은 지켜봐야 한다. 그래도 발전할 가능성이 있는 편이 그렇지 않은 것보다 더 기대되기는 한다.

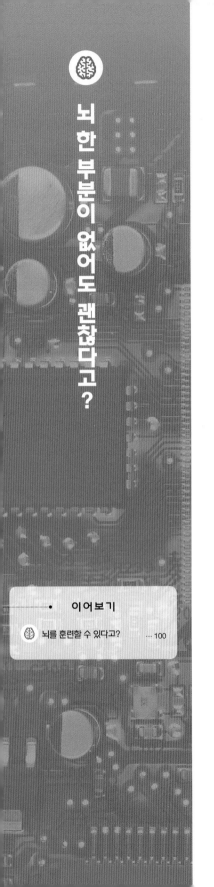

이어보기
뇌를 훈련할 수 있다고? ··· 100

## 뇌 한 부분이 없어도 괜찮다고?

2014년 24세의 중국 여성이 현기증, 메스꺼움, 구토 같은 증상을 호소하며 병원을 찾았다. CT 스캔과 MRI 촬영을 마치자 진단이 나왔다. 이 여성은 뇌 한 부분이 텅 비어 있었다. 사람은 보통 목덜미 위쪽에 소뇌가 있는데, 이 중국 여성의 머릿속에는 소뇌가 온데간데없이 수액만 가득 차 있었다. 중국 의사들은 이를 발견하고 깜짝 놀라 다급하게 공유했지만, 사실 그렇게까지 놀랄 일은 아니었다. 이미 2007년에 프랑스에서 비슷한 사례가 보고된 바 있기 때문이다. 프랑스에서 40대 중반 남성의 뇌도 대부분이 사라지고 수액이 차 있었다.

2007년, 한 프랑스 남성이 다리가 아파서 병원을 찾았다. 의사는 특별한 원인을 찾지 못해 뇌를 스캔해봤는데, 그 결과 깜짝 놀라고 말았다. 남성의 뇌가 뇌척수액에 침식돼 90%가 사라진 상태였기 때문이었다. 의료 기록을 뒤져보니 이 남성은 어릴 때 뇌에 물이 고이는 병, 물뇌증을 앓았으며 물뇌증 치료 과정에서 뇌에서 수액을 빼낸 적이 있었다. 연구자들은 물뇌증 치료의 아주 드문 부작용으로 남성이 서서히 뇌 조직을 잃은 것은 아닐까 의심했지만 정확한 원인은 알 수 없었다.

원인이야 무엇이든 간에 뇌의 상당 부분이 없는 프랑스 남성이 공무원으로 별다른 문제없이 건강하고 평범하게 살아왔다는 사실은 놀랍다. 남자는 결혼도 했고, 자녀도 2명 있었다. 지능지수IQ가 75로 평균보다 조금 낮기는 했지만 정신 질환 등의 심각한 다른 문

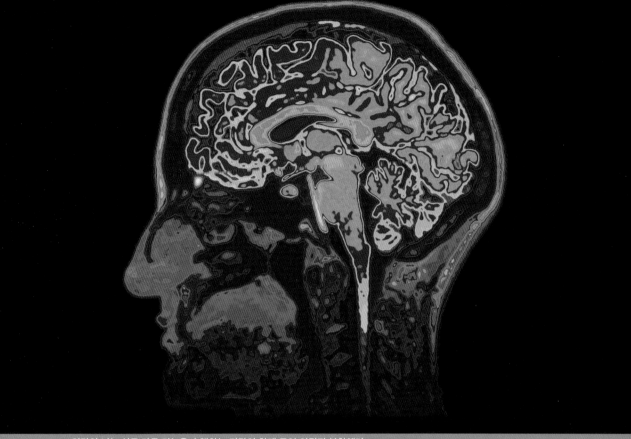

인간의 뇌는 서로 다른 기능을 수행하는 기관이 한데 모여 이뤄진 복합체다.

제는 없었다.

2014년에는 중국에서 한 20대 여성이 소뇌 없이 태어났음이 밝혀졌다. 소뇌는 중추신경계의 일부로 뇌신경세포의 절반이 모여 있으며 주로 자세와 균형 유지, 근육 조절, 언어 능력 등 중요한 기능을 담당한다. 한마디로, 생물학적 작용을 조절한다. 그런 의미에서 이 여성이 20대까지 살아 남았다는 사실은 몹시 놀라운 일이다. 호흡은 물론 심장 근육까지 조절하는 소뇌 없이 살아간다는 것은 불가능한 일이기 때문이다. 소뇌 없이 살아 있다는 것 자체가 기적인 셈이다. 극히 드물게 소뇌 없이 태어나는 갓난아기들이 있기는 하지만, 보통은 태어나자마자 죽는다.

프랑스 남성의 뇌가 사라진 이유가 불명확한 것처럼 이 여성의 경우에도 소뇌가 왜 사라졌는지 알 방법은 없다. 태어나기 전, 배아 단계에서 무슨 일이 있었으리라 짐작할 뿐이다. 그나저나 이 사람들은 어떻게 뇌 없이 살 수 있는 것일까? 알려진 바에 따르면 뇌는 영역마다 다른 기능을 수행한다. 컴퓨터의 메모리가 메모리대로, 그래픽카드가 그래픽카드대로 각각의 기능에 충실하

해마는 기억을 담당하는 중요 부위다.

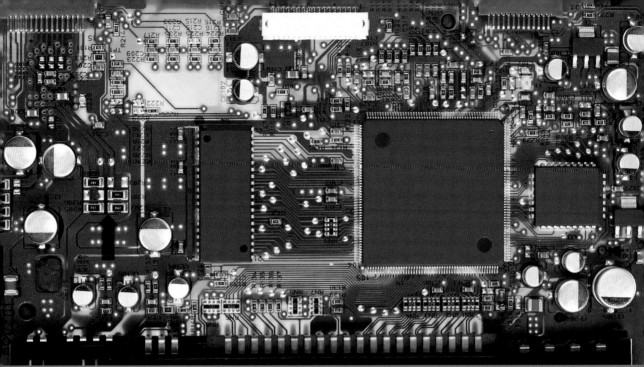

뇌의 각 영역이 컴퓨터처럼 완전히 독립적으로 기능하는 것은 아닌 듯하다.

듯 말이다. 예를 들어, 소뇌는 우리 몸의 근육을 통제할 뿐만 아니라 언어 사용에도 중요한 역할을 한다. 만약 소뇌가 사라지면 우리 역시 몸의 근육을 통제할 수 없어 어려움을 겪을 것이다.

한편, 뇌의 양옆에 있는 2개의 해마는 기억과 공간 지각에 필수적인 역할을 한다. 만약 해마에 문제가 생기면 기억력이나 공간 지각력에도 문제가 생길 것이다. 연구를 거듭할수록 뇌가 저마다의 영역마다 서로 다른 전문 기능을 수행한다는 주장은 힘을 얻는다. 런던을 누비는 검은 택시 블랙캡 운전사의 경우에도 미로처럼 얽힌 2만 5천 개의 도로를 죄다 외우고 나면 외우기 전과 비교해 해마의 크기가 늘어난다. 암기하고 기억하는 능력에 해마가 미치는 중요한 역할을 간과할 수 없는 대목이다.

하지만 뇌 일부가 없는데도 별문제 없는 사람들이 있다면, 각각의 뇌 영역이 필요 시 이미 알려진 역할 외에 새로운 역할을 겸하기도 하는 건 아닐까? 어쩌면 우리의 뇌는 생각보다 유연하고 적응력이 뛰어날지도 모른다. 뇌는 분명히 영역마다 고도로 전문화된 일을 할 테지만 아무래도 하던 일만 옹골차게 고집하지는 않는 것 같다. 한 우물만 파는 외골수 장인인줄 알았더니 생각보다 임시변통에 능한, 못하는 일이 없는 재주꾼이랄까. 이에 많은 뇌과학자가 뇌의 다재다능함과 뛰어난 적응력의 비밀을 알아내려 노력하고 있다.

비밀 이야기가 나온 김에 이제는 밝혀진 뇌의 비밀을 하나 털어놓겠다. 2013년까지 우리는 뇌 세포가 절대 새로 만들어지지 않는다고 생각했다. 딩연히 싱인이 된 나음 뇌가 변하거나 새로 워질 수 있다고도 생각하지 않았다. 그런데 스웨덴 카롤린스카 Karolinska 연구소의 요나스 프리 셴 Jonas Frisén 연구단은 대기 중 방사능 수치가 해마다 변한다는 점을 이용한 연대 측정법으로 실험 참가자의 뇌 부위마다 뇌세포의 나이를 측정함으로써 뇌가 변할 수 있음을 최초로 입증했다. 뇌의 특정 부위에서 매일 새로운 뇌세포가 생겨난다는 사실을 밝힌 것이다.

아마 뇌는 이 밖에도 많은 비밀을 여전히 감추고 있을 것이다. 아직 우리가 어떤 비밀을 풀어야 할지 모를 뿐이다. 하지만 과학의 발전과 더불어 앞으로는 뇌도 하나둘 자신의 비밀을 털어놓으리라 믿는다. 과연 우리가 앞으로 알게 될 뇌의 비밀은 무엇일까?

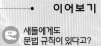

수많은 자기계발서가 성공하고 싶으면 잠을 줄여야 한다고 주장한다. 하루에 4시간만 잤다는 나폴레옹을 흉내 내는 '나폴레옹 4시간 수면법'까지 등장할 정도다. 잠자는 시간을 시간 낭비로 여긴 에디슨도 "잠은 인생의 사치"라며 "숙면을 취한다면 4시간만 자도 충분하다"고 이야기했다. 하지만 대부분의 사람들은 하루에 8시간은 자야 꾸벅꾸벅 졸지 않고 건강한 생활을 영위해 나갈 수 있다. 도대체 우리는 왜 잠을 자는 걸까? 잠이란 것의 실체는 무엇일까? 그리고 꿈을 꾸는 이유는 또 무엇일까?

오랫동안 인류는 잠드는 이유를 알아내려 다양한 가설을 세웠다. 대표적으로 에너지 절약 가설이 있다. 잠을 자면 신체 온도가 약간 떨어진다는 것을 근거로 내세운 가설이었다. 시간 때우기 가설도 있다. 잠은 할 일이 없을 때 시간을 보내는 방법이라는 가설이다. 하지만 잠자지 않으면 며칠 만에도 죽을 수 있다는 사실을 감안하면 어떤 가설도 그럴 듯하게 들리지는 않는다. 우리가 확실히 아는 것은 잠을 꼭 자야만 한다는 사실뿐이다. 그러나 오늘날, 우리는 잠의 비밀을 드디어 알아낸 듯하다.

미국 위스콘신 Wisconsin 대학교의 줄리오 토노니 Giulio Tononi는 우리가 잠을 자는 이유를 뇌 정리 brain housekeeping 할 시간이 필요하기 때문이라고 이야기한다. 토노니 연구단은 2016년 잠자는 쥐의 뇌가 무성히 자란 나무의 가지를 쳐내듯 뇌세포 사이의 연결을 일부

잠은 뇌세포 연결망이 올바르게 작동하도록 돕는다.

끊어낸다고 밝혔다. 잠자며 낮 동안의 경험을 정리해 기억으로 바꾸고, 기억을 한데 묶어 놓음으로써 뇌를 정리하고, 새로운 경험을 받아들일 공간을 만든다는 것이었다.

뇌 정리를 다르게 해석하는 과학자들도 있다. 우리의 뇌세포는 화학물질을 쏘아 보내며 메시지를 주고받는데, 시간이 지나면 신경전달물질 neurotransmitter이 쌓여 뇌세포들의 소통을 가로막을 수도 있다. 이에 미국 다트머스 Dartmouth College 대학교의 로버트 캔터 Robert Cantor를 포함한 여러 뇌과학자가 잠을 자는 이유가 노폐물처럼 쌓인 신경전달물질을 쓸어내고 신경 연결을 깨끗하게 청소하기 위해서라고 생각한다. 여기에 대한 근거는 미국 오리건 보건과학 Oregon Health and Science 대학교의 제프리 일리프 Jeffrey Iliff 연구단이 찾아냈다. 포유류의 뇌에서 뇌세포 사이에 노폐물을 씻어내는 역할을 하는 글림프 시스템 glymphatic system을 발견한 것이다. 일리프 연구단은 2013년 후속 연구를 통해 글림프 시스템의 활동이 우리가 잠든 동안 가장 활발하다는 사실을 밝혀졌다.

우리는 정말 뇌 정리를 위해 잠자는 것일까? 설령 그렇다고 해도 그것만이 잠드는 이유의 전부는 아닐 것이다. 그렇지 않다면 꿈꾸는 이유는 또 어떻게 설명할 것인가. 꿈은 렘수면과 관계가 있다. 렘수면은 인간과 포유류, 그리고 새만 경험하는 독특한 수면 형태다. 대부분의 동물, 심

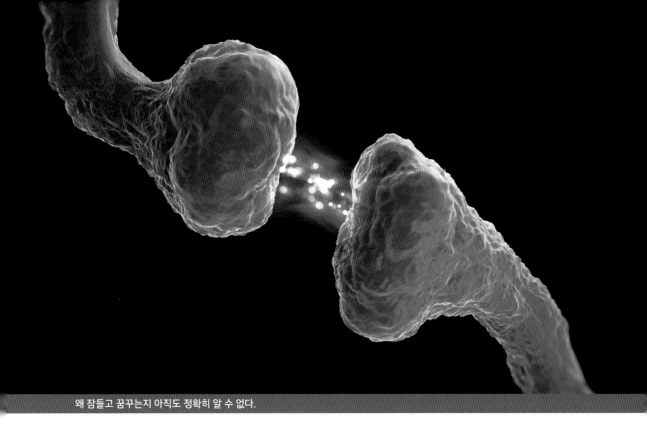

왜 잠들고 꿈꾸는지 아직도 정확히 알 수 없다.

지어 벌레나 파리마저도 잠을 자는 것처럼 보이지만 렘수면 상태를 경험하는 동물은 거의 없다. 2016년의 한 연구에 따르면 파충류도 렘수면을 경험할 수도 있다지만, 이 주장이 맞더라도 꿈꾸는 동물은 사람, 포유동물, 새, 몇몇 파충류가 전부다.

몇몇 뇌과학자는 꿈꾸는 동물 모두 뇌가 발달했고, 복잡한 사회를 구성하며 생존을 위해 경험에 의존한다는 공통점이 있다고 밝혔다. 그런데 어떤 경험은 행복하고 따뜻한 긍정적인 감정을 불러일으키지만, 어떤 경험은 고통스럽고 황당한 부정적이고 강렬한 감정을 일으킨다. 뇌는 부정적인 감정을 동반하는 안 좋은 경험을 다시 꺼내기를 꺼린다. 이에 미국 캘리포니아 California 대학교의 매슈 워커 Matthew Walker를 포함해 여러 과학자가 지지하는 가설은 꿈을 통해 뇌가 경험으로부터 감정을 제거한다는 것이다. 꿈꾸고 나면 감정 없이 기억만 남아 이후에 쉽게 다시 떠올릴 수 있다는 이야기다.

이 가설은 2015년 제기된 인간의 독특한 특징인 렘수면에 대해 자연스럽게 설명한다. 미국 듀크 Duke 대학교의 데이비드 삼손 David Samson은 인간이 전체 수면 시간 가운데 렘수면이 차지하는 비율이 25%인데, 다른 영장류의 경우 10%에도 미치지 못한다고 밝혔다. 아마도 복잡한 사회에

전체 수면시간의 4분의 1에 달하는 시간 동안 우리는 꿈을 꾼다.

사는 인간은 꿈으로 처리해야 할 경험이 훨씬 많기 때문일 것이다.

만약 꿈이 감정적인 경험을 감정적이지 않은 기억으로 변환하는 과정이 맞다면, 외상 후 스트레스 장애 PTSD *post traumatic stress disorder*를 이해하고 치료하는 데 큰 도움을 줄 수도 있다. PTSD를 앓는 환자들은 생생하게 떠오르는 괴로운 기억에 괴로워하는데, 이는 어쩌면 꿈꾸며 경험에서 감정을 제거하는 일련의 과정이 어딘가 잘못된 것일지도 모른다고 워커는 주장했다. 만약 워커의 주장이 옳다면, 잠을 잘자고 꿈을 잘 꿀 방법을 찾아내는 일이 PTSD 환자를 도울 수 있다. 꿈에는 생각보다 놀라운 힘이 있을지도 모른다.

시부애온 섞 있는 사람들은 칠 일 것이다. 그게 얼마나 끔찍한 상태인지. 요즉하면 사람이 문자를 발명하자마자 제일 먼저 쓴 내용이 지루하다고 투덜거리는 불평이었을까. 지루함이 얼마나 견디기 괴로운지는 신화만 봐도 알 수 있다. 신화 속 신들도 항상 따분함을 견디지 못하고 뭔가 일을 벌인다. 고대 이집트 신화에서 전지전능한 신이 인간 세상을 만든 이유도 너무 심심해서였다. 사람이 지루함을 느끼면, 건강이 나빠질 뿐만 아니라 경제적으로도 취약해진다고 밝힌 연구 결과도 있다. 하지만 너무나 지루하다고 사람이 죽기도 할까?

2014년, 미국 버지니아 Virginia 대학교의 티머시 윌슨 Timothy Wilson 연구단은 대학생을 대상으로 혼자 놀기 실험을 진행했다. 실험 조건은 단순했다. 휴대전화, 컴퓨터, 책은 고사하고 낙서나 끄적거릴 종이와 연필조차 없는, 말 그대로 아무것도 없는 방에서 맨몸으로 혼자 놀기만 하면 됐다. 누르면 저릿한 전기 충격을 가하는 무시무시한 버튼 하나가 주어졌을 뿐이었다. 과연 이 버튼을 몇이나 눌렀을까?

남학생은 3명 중 2명이, 여학생은 4명 중 1명이 눌렀다. 한 남학생은 무려 190번이나 눌렀다. 다시 말하면 입 아프지만, 버튼을 누르면 진짜 전기 충격이 가해졌다. 스스로에게 고통을 주는 행위임에도 지루하다는 이유만으로 버튼을 눌렀던 이유는 뭘까? 이유에 대해서야 갑론을박 논의가 끊이지 않지만, 이유가 있었다는 것만은

지루할 바에는 고통이라도 즐기는 사람이 있다.

도박 중독의 이유는 어쩌면 너무 따분해서일지도 모른다.

분명하다.

확실히 지루함은 달랠 필요가 있다. 오스트레일리아 웨스트미드 Westmead 병원의 의사 알렉스 블라스친스키 Alex Blaszczynski는 1990년 병원에 오는 사람들 중 특히 도박 중독자들이 "지겹다"는 말을 입에 달고 사는 투덜이들이라고 주장했다. 2005년에는 미국 서던 미시시피 Southern Mississippi 대학교의 에릭 달리아 Eric Dahlia 교수가 지루함이 운전 방식에 끼치는 영향도 밝혀냈다. 학생들을 대상으로 한 설문 조사에서 쉽게 따분해진다고 대답한 학생들일수록 난폭 운전을 하는 경향이 있었던 것이다.

이러니 미국 항공 우주국 NASA National Aeronautics and Space Administration와 다른 우주 전문가들이 화성까지 날아가는 길고 지루한 우주여행을 걱정하는 것도 무리는 아니다. 그들은 우주 비행사들이 지루함을 이기지 못해서 위험한 일이 생길까 봐 염려한다. 그렇다면 아예 지루함 때문에 죽을 수도 있을까? 2009년 영국 유니버시티 칼리지 런던 University College London의 연구원 애니 브리튼 Annie Britton과 마틴 시플리 Martin Shipley는 이 어려운 연구에 도전했다.

지루함이 창의 활동을 촉진하기도 한다.

두 연구원은 런던 공무원을 대상으로 띄엄띄엄 몇 년 주기의 설문 조사를 했다. 우연히도 1980년대에 런던 공무원들이 지루함에 대해 작성한 설문지가 귀한 자료로 남아 있었다. 브리튼과 시플리는 30년 전에 '꽤 지루하다'라고 응답한 사람은 대다수가 사망했지만, '전혀 지루하지 않다'라고 응답한 사람은 일부가 사망했을 뿐 여전히 많은 수가 살아 있다는 것을 발견했다. '항상 지루하다'라고 응답한 사람의 사망률이 특히 높았다. 그들의 사망 원인은 대체로 심혈관 질환이었다. 두 연구자는 위 결과를 바탕으로 지루하면 더 빨리 죽을 수 있다는 결론을 내렸지만, 지루함이 곧바로 죽음과 연결되는 것이 아니라 다른 심각한 문제를 알려주는 신호에 불과할지도 모른다고 덧붙였다. 예를 들어 '꽤 지루하다'라고 응답한 사람들은 운동량이 적었다.

한편, 지루하다는 감정을 바라보는 과학계의 시선이 변하고 있다. 많은 심리학자가 지루함이 창의력에 미치는 영향에 주목한다. 업무가 도통 재미가 없다면, 잠시 머리를 비우고 쉬어야 한다. 흔한 말로 멍을 때려야 한다. 업무는 '좀' 쌓일지 모르지만, 새롭고 창의적인 아이디어를 떠올리는 데 도움을 준다면 해볼 만한 시도다.

비슷한 맥락에서 몇몇 심리학자는 요사이 부모는 자녀들에게 지루할 틈을 줘야 한다고 강조한다. 그래야 창의적이고 독립적인 사고할 수 있다고 주장한다. 맞는 말일지도 모른다. 그렇지만 전기 충격 실험도 기억하길 바란다. 넘치면 모자람만 못하니까. 너무너무 지루해서 좋을 건 없다.

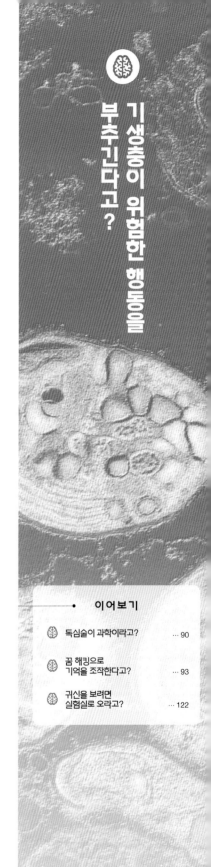

기생충이 위험한 행동을
부추긴다고?

우리는 다른 누군가가 우리의 마음을 조종하리라 생각하지 않지만, 어쩌면 우리는 모르는 사이 마음의 주도권을 기생충에게 내어졌을지도 모른다. 톡소포자충 이야기다. 이 단세포 기생충은 인간을 포함해 모든 포유동물의 몸 안에 머무르는데, 기묘하게도 고양이의 몸 안에서만 번식한다. 번식하려면 반드시 고양이에게로 옮겨가야만 하는 것이다. 그렇다면 톡소포자충은 어떻게 고양이의 체내로 옮겨가는 것일까? 약 20년 전 과학자들이 밝혀낸 바에 따르면, 톡소포자충은 자신에게 감염된 동물을 비정상적으로 활달하고 대담하게 만든다.

겁 없이 고양이에게 들이대는 쥐나 토끼를 본 적이 있는가? 만약 있다면 톡소포자충 toxoplasma에 감염된 쥐나 토끼를 본 것이다. 쥐나 토끼같이 앞니가 긴 설치 동물은 톡소포자충에 감염되면 비정상적으로 활달해지고 대담해진다. 꼭꼭 숨어도 모자랄 판에 나 잡아 잡수라며 나대는 먹음직스러운 먹이를 놓칠 고양이는 많지 않을 것이다. 이 사실을 처음 발견한 영국 임피리얼 칼리지 런던 Imperial College London의 조앤 웹스터 Joanne Webster 연구단은 2000년 흥미로운 후속 연구 결과도 발표했다. 톡소포자충에 감염된 쥐가 일부러 고양이 오줌의 톡 쏘는 냄새를 따라다닌다는 것이다.

체코 프라하 Karlova 대학교의 생물학자, 야로슬라프 플레그르 Jaroslav Flegr는 이 연구 결과를 눈여겨보았다. 톡소포자충이 쥐와 같은 설치 동물의 뇌를 마음대로 주무를 수 있다면 인간의 뇌도 그

톡소포자충에 감염된 쥐는 고양이 앞에서도 겁이 없다.

렇게 할 수 있지 않을까 의심한 것이다. 연구 결과, 플레그르 연구단은 톡소포자충에 감염된 사람의 자극 반응 속도가 느려진다는 사실을 밝혀냈다. 2002년에는 후속 연구도 발표했다. 프라하에서 발생한 교통사고를 조사하니 톡소포자충에 감염된 사람이 사고 원인인 경우가 비감염자와 비교해 2배가량 많다는 내용이었다.

확실히 톡소포자충은 사람을 위험에서 무뎌지게 하는 듯 보인다. 찬찬히 생각해보라. 호랑이, 사자, 표범 등은 커다란 고양이다. 게다가 우리의 조상들은 그들의 먹잇감이었다. 누가 알겠는가. 먼 옛날 톡소포자충에 감염된 누군가가 무모하게 한밤중에 산을 넘었고, 그 사람을 본 호랑이가 이게 웬 떡이냐 하며 잡아먹었을지. 2016년 프랑스 진화생태학 연구소의 클레망스 푸아로테Clémence Poirotte 연구단이 밝혀낸 바에 따르면, 인류의 가까운 친척 침팬지 역시 톡소포자충에 감염되면 표범의 오줌 냄새를 따라다닌다고 한다. 침팬지를 잡아먹는 유일한 포식자, 표범을 말이다!

인간은 생각보다 쉽게 톡소포자충에 감염된다. 덜 익은 고기를 먹거나 반려 고양이의 배변판을 바꾸는 것만으로도 감염될 수 있다. 감염 초기 증상은 가벼운 독감 비슷하다. 우리 몸의 면역

톡소포자충에 감염되면 교통사고를 일으킬 확률이 높아진다.

체계가 멋대로 침입한 기생충을 막아내려 애쓰는 탓이다. 하지만 톡소포자충은 어디론가 도망쳐 꼭꼭 숨어서 잠복기를 보낸 뒤, 우리의 마음을 조종한다. 소름 끼치는 이야기지만, 이 기생충은 뇌에 숨기도 한다.

누군가가 우리의 뇌를 마음대로 주물럭댄다니 생각만으로 기분이 나빠지는데, 대단한 존재도 아닌 단세포 기생충이 그런다니 더더욱 기분이 안 좋을 수밖에 없다. 톡소포자충의 뇌 장악과 조종 솜씨에 감탄 섞인 한숨을 내쉴 수밖에 없었던 신경학자들의 마음이 이해가 간다. 그렇지만 아이러니하게도 신경과학자들은 톡소포자충 같은 기생충 덕분에 인간의 뇌를 좀 더 세심하게 연구할 수 있었다. 과연 톡소포자충은 어떻게 우리의 마음을 조종하는 걸까? 아직 정확하게 알아낸 것은 아무것도 없지만, 몇 가지 실마리는 있다.

2009년 영국 리즈 Leeds 대학교의 글렌 맥콘키 Glenn McConkey는 톡소포자충이 기쁨과 두려움을 조절하는 호르몬, 도파민의 생성을 증가시킨다는 연구 결과를 내놓았다. 톡소포자충과 도파민의 상관관계에 주목한 다른 연구도 있다. 맥콘키 연구단의 결과 발표가 있기 몇 년 전, 웹스터 연구단은 이미 톡소포자충에 감염된 쥐에게 도파민 생성을 억제하는 강한 항정신병 약품이자 조현

작은 기생충인 톡소포자충은 사람이 위험하게 행동하도록 충동질하기도 한다.

병 치료제인 할로페리돌을 투약하면 위험한 행동이 눈에 띄게 줄어든다는 사실을 밝혀냈다. 게다가 2015년 미국 스탠리 Stanley 의학연구소의 풀러 토리 E. Fuller Torrey 연구단은 톡소포자충에 감염되면 조현병의 위험이 2배로 증가한다고 보고했다. 같은 해에 발표된 다른 연구에서는 어린 시절 고양이에게 노출되면 정신 질환의 발생 가능성이 높아진다는 증거가 제시되기도 했다. 이 놀라운 발견들이 언젠가 조현병이나 정신 질환의 효과적인 치료제 발견에 도움이 되길 기대해본다.

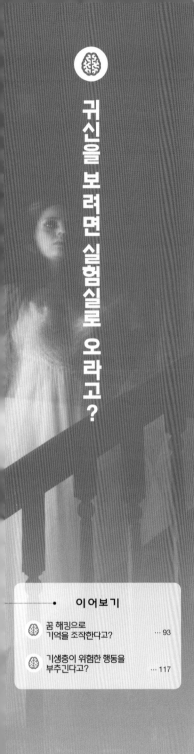

# 귀신을 보려면 실험실로 오라고?

1907년, 미국의 던컨 맥두걸 박사는 사람이 죽을 때 영혼이 빠져나가며 체중이 줄어든다고 주장했다. 맥두걸 박사는 영혼의 무게가 21g라며 구체적인 수치까지 이야기했지만, 인체의 전체 질량에 비해 21g은 극히 적은 양이며 오차에 의해 신뢰도가 떨어진다는 반박들로 영혼의 물리성을 명확히 증명하지는 못했다. 그러나 한 통계 조사에 따르면, 미국 국민의 48%는 오늘날에도 유령의 존재를 믿는다고 한다. 정말 귀신이란 존재하는 것일까? 아니면 그저 사람들이 귀신을 봤다고 착각할 뿐인 걸까?

세상에는 귀신을 봤다고 주장하는 사람이 참 많다. 이탈리아의 유명 산악인 라인홀트 메스너 Reinhold Messner도 자신의 책에서 귀신이 함께 산을 타는 것 같은 섬뜩한 느낌을 받은 적이 있다고 주장한 바 있다. 육체적으로나 정신적으로나 일반인들보다 훨씬 강인한 유명 산악인도 귀신을 본 적이 있다고 주장한다니. '정말 귀신이란 게 존재하는 것 아닐까?' 하는 의심이 들 만도 하다. 이에 영감을 받아 2014년 스위스 로잔 Lausanne 공과대학교의 신경과학자 올라프 블랑케 Olaf Blanke는 실험실에서 귀신을 만들어내기에 도전했다.

블랑케 연구단은 왜 유난히 귀신을 자주 보는 사람들이 있는지, 그 이유를 밝혀내려 했다. 그래서 귀신을 자주 목격하는 사람들의 뇌를 연구했다. 연구 결과, 이들은 뇌의 세 영역에 가벼운 손상이 있었다. 섬 피질 insular cortex, 전두골 피질 frontoparietal cortex, 그리고 측

두두정 피질temporo-parietal cortex이었다. 이 세 영역에는 주변 물체의 위치를 파악할 때 사용하는 뇌 부위라는 공통점이 있었다. 그렇다면 혹시 이 세 영역을 자극해 귀신을 인공적으로 만들어낼 수도 있지 않을까? 블랑케 연구단은 귀신을 자주 본다는 사람들을 대상으로 실험하기 위해 기묘한 실험 장치를 만들어냈다. 바로 한 쌍의 로봇 팔 장치였다. 실험 참가자는 한쪽 로봇 팔 앞에 서서 자신의 집게손가락을 로봇 팔에 끼웠다. 그럼으로써 로봇 팔을 자유자재로 움직일 수 있었다.

이후 실험 참가자 뒤편에 나머지 한쪽 로봇 팔을 몰래 뒀다. 두 로봇 팔은 서로 연결된 상태라 실험 참가자가 앞쪽 로봇 팔을 움직이면 뒤쪽 로봇 팔이 그대로 움직였다. 실험 참가자가 집게손가락으로 연결된 앞쪽 로봇 팔을 쿡 찌르면 뒤쪽 로봇 팔이 실험참가자의 등을 그대로 쿡 찌르게끔 만들어진 것이었다. 결국, 한 쌍의 로봇 팔을 이용해 자신을 스스로 찌르는 장치였던 셈이다.

첫 번째 실험에서 실험 참가자들은 등이 찔리는 자극은 느꼈지만, 귀신이 존재를 느끼지는 못했다. 그런데 두 번째 실험에서 두 로봇 팔의 움직임 사이에 시차를 두자 참가자들은 대부분 누군가가 주변에 서 있는 것만 같은 으스스한 느낌이 든다고 말했다. 너무 무섭다며 당장 실험을 중지해달라는 참가자도 있었다. 참가자들이 손가락을 쿡 찌르면 몇 초가 지난 뒤 뒤쪽 로봇 팔이

참가자의 등을 쿡 찌르도록 조작했을 뿐인데, 아주 짧은 시간 차이임에도 실험 참가자들의 인지에 큰 차이를 만들어낸 것이다.

실험 참가자들은 주변 물체의 위치 정보 처리에 이미 약간의 문제가 있는 사람들이었다. 두 로봇 팔의 움직임 사이에 생긴 시차는 참가자들이 겪고 있던 사소한 인지 문제를 증폭시킨 것으로 보였다. 이를 통해 블랑케 연구단은 "우리가 경험하며 얻은 정보가 뇌 속의 기대와 맞아 떨어지지 않으면, 그때 귀신이 나타난다는 착각을 일으킨다"고 결론 맺었다.

이처럼 뇌의 가장 깊을 곳에 발을 디딘 연구가 또 있다. 바로 경험한 적 없는 상황이나 장면을 마치 경험한 것처럼 친숙하게 느껴지는 일을 뜻하는 기시감déjà vu 연구다. 많은 과학자는 뇌가 반쯤 경험한 사건을 토대로 가짜 기억을 만드는 것이 기시감의 정체라고 입을 모으지만, 2016년 영국 세인트 앤드루스St Andrews 대학교의 아키라 오코너Akira O'Connor 연구단은 다른 가설을 내놓았다. 오코너 연구단은 실험 참가자들이 기시감을 느끼도록 만들었고, 참가자들이 기시감을 느끼는 순간을 포착해 뇌를 촬영했다. 촬영 결과 기시감과 동시에 활성되는 곳은 뇌의 기억 담당부가 아니라 의사결정부였다. 오코너 연구단은 뇌가 자신의 기억과 일치하지 않는 충돌을 경험할 때

기시감을 느낀다고 전했다. 분명히 경험하지 않았는데, 경험한 듯한 묘한 느낌이 드는 대상에게 특히 기시감을 느낀다고도 덧붙였다.

위 연구는 그 자체로도 흥미롭지만 실제로 활용될 여지도 많다. 예컨대 조현병 환자의 경우, 초자연적인 존재가 자신을 지배한다는 망상에 시달리는 경우가 종종 있다. 혹시 이러한 정신 질환 문제가 귀신을 보거나 기시감을 느끼는 현상과 같은 이유에서 비롯된 것은 아닐까? 그렇다면 신경과학은 조현병 이해와 효과적인 치료법 개발에 큰 도움을 줄 수 있을 것이다.

어떤 사람은
총천연색 너머를 본다고?

2015년 전 세계를 휩쓴 드레스 색깔 논쟁을 기억하는가? 한 장의 드레스 사진을 두고 불붙은 색깔 논쟁이었다. 분명히 같은 옷인데 어떤 사람은 "파란색에 검은 줄무늬"라고 우기고, 또 다른 사람은 "흰색에 금색 줄무늬"라고 우기니 어떻게 된 영문인지 도무지 알 길이 없었다. 하나의 사진을 보고 서로 다른 색깔을 본 경우는 이뿐만이 아니다. 이런 사진과 관련된 일들을 찾아보면, 색깔이란 정말이지 이상한 개념이란 생각이 든다. 혹시 색깔은 우리 마음속에만 존재하는 아주 주관적인 감각인 것일까?

　반짝이는 무지갯빛 풀에 섬세한 보랏빛 나무, 다채로운 색을 뿜내며 풍경 속에서 튀어나올 것만 같은 바위까지…… 콘세타 안티코 Concetta Antico의 눈으로 바라보면, 이 세상은 온갖 화려한 색으로 휘황찬란할 것이다. 안티코가 보통 사람들보다 많은 색을 볼 수 있기 때문이다. 안티코의 눈에는 우리의 눈에 없는 세포가 있다. 사색형 색각 tetrachromacy을 지닌 안티코의 눈은 다른 사람은 도무지 볼 수 없는 미묘한 색까지 모조리 잡아낸다.

　일반적으로 사람은 삼색형 색각자 trichromat다. 망막에 세 가지 종류의 '원뿔 세포' cone cell가 있어 빨강, 초록, 파랑, 이렇게 세 가지 종류의 빛만 볼 수 있다. 세 가지 종류의 빛만 보는데도 우리가 알록달록한 총천연색을 볼 수 있는 이유는 빨강, 초록 파랑을 한 가지 색조가 아니라 여러 색조로 보기 때문이다.

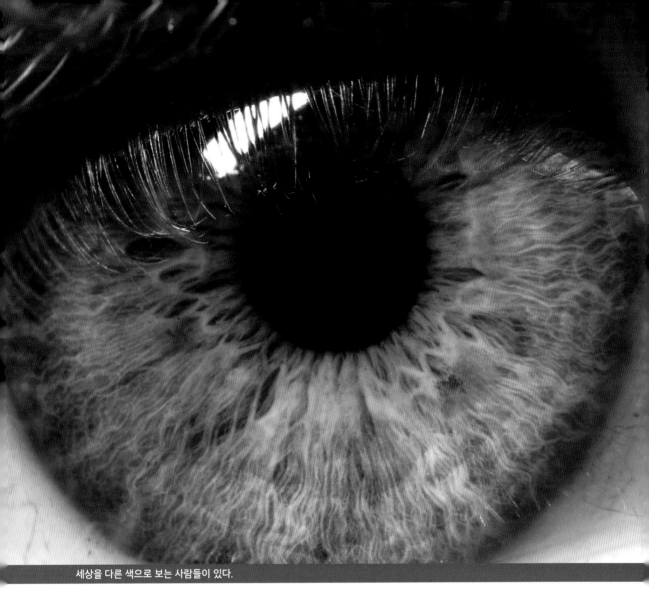

세상을 다른 색으로 보는 사람들이 있다.

그렇다면 안티코는 어떻게 더 많은 색을 볼 수 있는 걸까? 비밀은 X 성염색체에 있다. 우리 체세포의 염색체는 성별과 관계없이 공통인 상염색체와 성별에 따라 다른 성염색체로 나눌 수 있는데 여자는 XX, 남자는 XY 성염색체 쌍을 가진다. 색깔 유전자 중, 파랑 유전자는 상염색체에 있고, 빨강과 초록 유전자는 X 성염색체에 있다. 그런데 X 성염색체에 있는 색깔 유전자는 쉽게 돌연변이를 일으키곤 한다. 만약 빨강 유전자나 초록 유전자가 변형을 일으키면 색을 덜 볼 수도, 더 볼 수도 있다. 예를 들면, 세상이 어두운 빨간색으로 보일 수도 있다. 안티코 같은 사색형 색각자는 X 성염색체에 있는 빨강 유전자가 변형된 경우다. 여성의 XX 성염색체 중 한 X 성염색체에

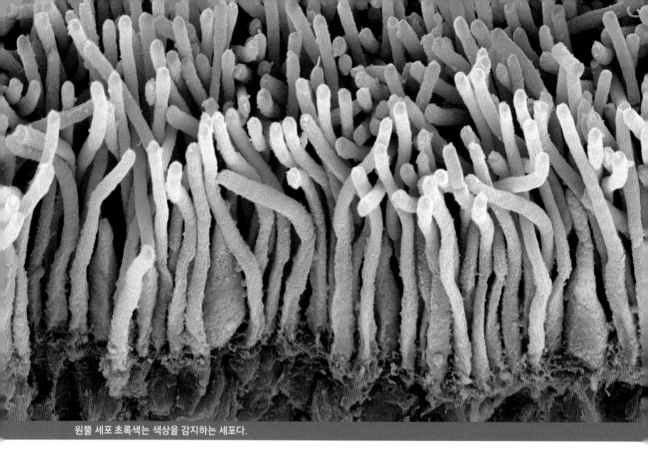

원뿔 세포 초록색는 색상을 감지하는 세포다.

돌연변이인 어두운 빨강 유전자를, 나머지 X 성염색체에 일반적인 빨강 유전자를 가지면 사색형 색각자가 된다. 이때 파랑 유전자와 초록 유전자가 모두 제대로 있다면 네 가지 색의 스펙트럼을 볼 수 있다.

이론적으로 여자는 사색형 색각자일 가능성이 10분의 1에 불과하고, 남자는 아예 0이다. 남자가 X 성염색체를 2개 가질 수는 없지 않은가. 더군다나 실제 사색형 색각자를 가려내기란 쉽지 않다. 안티코처럼 과학적으로 사색형 색각자라고 입증되기란 아주 어렵다는 뜻이다. 안티코가 사색형 색각자임을 입증한 사람은 미국 캘리포니아California 대학교의 행동발달 생물학자 킴벌리 제임슨Kimberly Jameson과 네바다Nevada 대학교의 심리학자 알리사 윙클러Alissa Winkler다. 두 연구자는 안티코의 세상이 어떤 색으로 이뤄졌는지 계속 연구하고 있다. 그중 한 연구 결과가 2015년 발표됐다. 조금씩 다른 색조를 구별하는 광학 검사를 통해, 안티코가 특히 빨간색에 민감하고 어두침침한 환경에서도 색을 선명하게 본다는 사실을 밝혀냈다.

검사 결과만으로는 안티코가 보는 세상의 색감을 상상하기 어렵다. 색약자가 보는 세상이 어떤 색감인지 모르듯이 말이다. 다행히 안티코는 유화를 그리는 예술가이고, 그의 유화 작품을 보는 것만으로 그 독특한 느낌을 공유할 수 있다. 안티코의 유화는 풍부하고 다채로운 색상으로 가득 찬 사색형 시각자의 세상으로 우리를 안내한다.

콘센타 안티코의 그림을 통해 사색형 색각자의 세계를 들여다볼 수 있다.

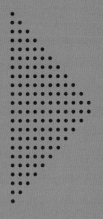

# 4 인류과학

# 우리 몸에 대해 몰라도 너무 몰랐다고?

우리는 우리 몸에 대해 얼마나 알고 있을까? 키와 몸무게라면 아주 잘 알고 있다고? 그런 이야기가 아니다. 수백 년 동안 과학적으로 연구했지만, 우리는 여전히 아직도 우리의 신체조차 다 알아내지 못한 듯하다. 단적인 예로 유전정보를 전달하는 유전자는 2%에 불과하다. 인류는 2001년부터 인간의 유전체 분석을 시작했지만, 나머지 98%를 차지하는 DNA가 하는 일을 아직도 밝혀내지 못했다. 하지만 여러 과학자가 첨단 과학 기술로 인간의 몸을 구석구석 조사하고 있으니 새로운 발견은 계속될 것이다.

2012년 미국 오리건 보건과학 Oregon Health and Science 대학교의 제프리 일리프 Jeffrey Iliff 연구단은 쥐의 뇌에서 '글림프 시스템' glymphatic system이라 이름 붙인 새로운 혈관 시스템을 찾아냈다. 아주 오랫동안 뇌에는 림프관과 같은 역할을 하는 혈관이 없다고 생각해왔는데, 그게 사실이 아님을 밝혀낸 것이다. 일리프 연구단은 인간의 뇌에서도 같은 시스템을 찾아냈다. 글림프 시스템은 뇌에 쌓인 화학물질 쓰레기를 배출하는 맞춤형 노폐물 청소 시스템으로, 뇌의 노폐물 가운데 베타아밀로이드 amyloid-beta는 알츠하이머병에 걸린 사람의 뇌에서 발견되곤 한다. 글림프 시스템은 어쩌면 알츠하이머병 치료의 열쇠를 쥐고 있을지도 몰랐다.

이런 비밀은 뇌에만 숨어 있지 않았다. 2013년 벨기에 루벵 대학병원 University hospitals Leuven의 스테번 클라스 Steven Claes 연구단은 전

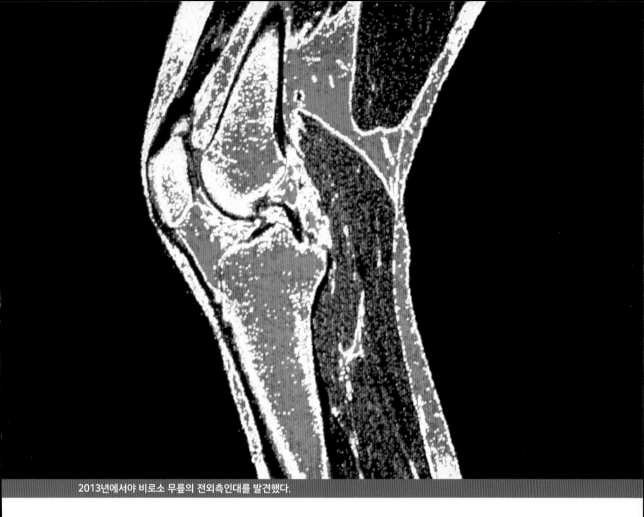

2013년에서야 비로소 무릎의 전외측인대를 발견했다.

외측인대anterolateral ligament라는 무릎 인대를 새롭게 발견했다. 어째서인지 아무도 눈여겨보지 않았던 이 인대는 무릎을 안정적으로 유지하는 데 도움을 준다. 전방십자인대가 파열된 사람들이 끝끝내 완전하게 회복되지 못하는 이유는 전외측인대가 손상된 탓이다. 연구단은 "새로운 인대 발견이 부릎 부상 치료에 혁신을 일으킬 것"이라며 전외측인대 부상 치료를 위한 수술 기법을 연구할 것이라고 밝혔다.

같은 해, 미국 보스턴Boston 대학교의 제레미 드실바Jeremy DeSilva와 시몬 길Simone Gill은 사람이 맨발로 걷는 모습을 촬영하여 관찰함으로써 발가락과 발꿈치 사이의 뼈인 중족부midfoot를 새롭게 발견했다. 인간의 중족부는 인대가 잡아당기기 때문에 단단하고 뻣뻣하다. 이 단단하고 뻣뻣한 중족부는 인류가 직립 보행할 수 있는 이유 가운데 하나다. 반면, 침팬지는 중족부가 말랑말랑하기 때문에 두 발로 걸을 때 뒤뚱뒤뚱 어색하게 걷는다. 그런데 2013년 연구 결과, 13명 중 1명

걸을 때마다 마치 침팬지처럼 발 중간이 부드럽게 휘는 사람들이 있다.

이 마치 침팬지처럼 발이 잘 휜다는 사실을 알아냈다. 신기하게도 그 13명 중 1명은 자신의 발이 휜다는 사실을 잘 모르고 있었다. 평소에 딱딱한 신발을 신고 걷기에 그랬을 것이다. 딱딱한 신발을 신는 현대인은 굳이 발바닥이 딱딱하지 않아도 효율적으로 걸을 수 있다.

2016년 11월에는 아일랜드 리머릭 Limerick 대학교의 J. 캘빈 코피 J. Calvin Coffey와 피터 올리리 D. Peter O'Leary가 우리 몸에 대한 새로운 사실을 발견했다고 주장했다. 아무 쓸모없이 배에 붙어 있을 뿐인 조직이라고 여겼던 부분이 사실은 소화 기능에 필요한 독립된 장기라는 것이었다. 만약 두 과학자의 의견에 다른 과학자들이 동의한다면, '창자간막' mesentery 인간의 79번째 장기가 될 것이다. 이쯤 되면 다른 곳에 80번째 장기가 숨어 있다고 해도 별로 놀랄 일은 아니다.

놀랄 일은 여기서 끝나지 않는다. 코에서도 새로운 사실을 발견했으니까. 콧속의 세균으로는 엄청난 잠재적 가치를 지닌 항생제를 만들어낼 수 있다. 모든 항생제에 내성을 지닌 그런 슈퍼 바이러스도 꼼짝 못하게 만들 놀라운 항생제의 원료가 코에 산다니, 정말 놀랍지 않은가?

이런 놀라운 발견들 중에서도 지난 15년을 통틀어 가장 놀라운 발견은 우리 인간이 결코 혼자 외롭게 살 수 없다는 사실일지도 모른다. 우리 몸, 정확히 말하자면 대장에는 약 40조 마리의 미생물이 모여 살고 있다. 오늘날에는 해로운 미생물을 유익한 미생물로 바꿀 수도 있을 뿐만 아니라 건강한 사람의 대변에서 유익한 미생물을 채취해 대장 환자에게 이식하는 분변 이식도 가능하다. 여기에 하나 더하자면, 장내 미생물 중에는 이제까지 우리가 한 번도 접해본 적 없는 완전히 새로운 유형의 생명체가 미생물의 형태로 살고 있을지도 모른다 새로운 발견에 도전하는 야심만만한 과학자가 이 책을 읽는다면 꼭 우리 몸속부터 살펴보라고 이야기하고 싶다.

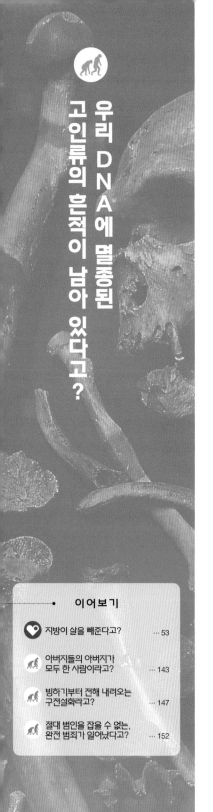

현생 인류인 호모 사피엔스는 약 31만 5천 년 전 아프리카에서 처음 나타났다. 첫 출현 이후 10만 년 뒤에 아프리카를 떠나 아시아, 호주, 유럽 그리고 아메리카 대륙으로 퍼져나갔다. 오늘날 지구에 살고 있는 사람은 모두 호모 사피엔스의 후예다. 그렇지만 호모 사피엔스만이 유일한 인류의 조상이라고 할 수 있을까? 호모 사피엔스보다 먼저 아프리카를 떠나 유럽과 아시아에서 일정 기간 함께 살았던 여러 '다른 인류' 또한 우리의 조상일지 모른다. 비록 호모 사피엔스에 밀려 사라졌지만, 다른 인류들의 유전자 역시 여전히 우리의 몸속에 남아 있기 때문이다.

우리에게 가장 친숙한 고인류는 유럽과 서아시아 등지에 살던 호모 네안데르탈렌시스 Homo neanderthalensis, 흔히 네안데르탈인 Neanderthals이라고 부르는 무리다. 인도네시아 지역에는 호모 플로레시엔시스 Homo floresiensis가 살았다. 이들은 다 자란 어른의 키도 고작 1미터에 불과해 호빗이라는 별명으로 잘 알려져 있다. 동아시아에는 데니소바인 Denisovans이라는, 아직은 비밀에 휩싸인 고대 인류가 살았을 것으로 추측된다. 짐작컨대 이 외에도 여러 인류가 유럽과 아시아에 모여 살았을 것이다.

그동안 우리는 고인류가 서로 멀리 떨어져 교류하지 않았으리라 생각했다. 그런데 2016년 세계 각 지역 사람들의 DNA를 분석한 결과, 놀라운 사실이 밝혀졌다. 단순한 교류를 뛰어넘어 아이까지 함께 낳은 것으로 보였기 때문이다. 2018년에는 네안데르탈인 여성과

비록 네안데르탈인은 멸종했지만,
그들의 유전자는 현생 인류의 DNA
속에서 살아남았다.

산소가 희박한 높은 곳에서 티베트인이 쉽게 숨 쉬는 비결은 데니소바인의 유전자에 숨어 있을 수도 있다.

데니소바인 남성의 피가 함께 흐르는 소녀, '데니소바11'의 유전자 분석 결과가 〈네이처〉Nature에 실리기도 했다. 데니소바11의 유전자 중 38.6%는 네안데르탈인과, 42.3%는 데니소바인과 거의 유사했다.

이 같은 사실을 밝혀낸 것은 유전학 기술의 발전 덕분이다. 오래된 뼛조각에서 DNA를 추출해 이미 멸종한 인류의 유전체를 복원할 수 있게 된 덕이랄까. 더불어 네안데르탈인과 데니소바인은 자기들끼리만 교제한 것이 아니라 현생 인류인 호모 사피엔스Homo sapiens와도 교제했다. 현생 인류의 유전자 일부도 네안데르탈인이나 데니소바인의 유전자와 완벽하게 일치하기에 알아낼 수 있는 사실이었다.

어떻게 우리 몸속에 고인류의 유전자가 남아 있을 수 있을까? 아마도 여러 인류가 함께 어울려 살던 석기시대에 교류가 있었고, 그때 그들의 유전자가 현생 인류 조상의 유전체에 섞인 것이 아닐까? 2011년 이후 연구에 따르면, 고인류의 유전자는 우리가 아프리카 밖 생활에 적응하는데 중요한 역할을 했다.

미국 스탠퍼드Stanford 의과대학교의 피터 파햄Peter Parham 연구단은 면역 체계에 초점을 맞췄

그린란드 원주민이 추운 곳에서 살 수 있는 이유 역시 어쩌면 데니소바인의 유전자 덕분일지도 모른다.

다. 우리 인류의 조상은 아프리카에서 진화했지만, 네안데르탈인은 수천 년 동안 유럽과 아시아에서 질병과 맞서 싸우며 진화했다. 우리의 조상과 네안데르탈인 사이의 자손은 유럽과 아시아의 질병에 대항하는 유전자를 갖고 태어났을 것이다. 시간이 지나며 이 후예가 널리 퍼지며 유라시아 질병에 강한 유전자를 현대인에게 물려줬다.

현대인에게 도움을 준 것은 네안데르탈인뿐만이 아니다. 데니소바인도 도움을 주었다. 2014년 미국 캘리포니아California 대학교의 에밀리아 우에르타 산체스Emilia Huerta-Sanchez 연구단은 티베트 고원의 희박한 공기에서도 문제없이 숨 쉬며 살아가는 대다수 티베트인의 유전자 가운데 데니소바인의 DNA가 일부 섞여 있다는 사실을 밝혀냈다. 데니소바인이 먼저 고원에서의 삶에 적응했고, 우리 인류는 이들과 교류하여 고원에서 적응하는데 유리한 유전자를 물려받았을 가능성이 밝혀진 것이다.

2015년에는 그린란드 원주민의 갈색 지방 형성에 도움을 주는 데니소바인 유전자를 발견했다. 갈색 지방은 추운 날씨에 열을 발생시키는 특이한 지방이다. 이 또한 추운 날씨에 적응한 데니소바인의 유전자를 우리 인류가 물려받은 것으로 해석할 수 있다. 미국 워싱턴Washington 대학교의 조슈아 아키 Joshua Akey는 이를 "유전자 선물"이라고 지칭한다.

유전자 선물이라고 모두 유익한 것은 아니다. 네안데르탈인의 유전자 중에는 현대인이 제2형 당뇨, 간 질환, 꽃가루 알레르기와 같은 질병에 취약하게 만드는 유전자도 있다. 그렇다고 해서 고인류들이 우리에게 남기고 간 유전자 유산이 결코 의미 없는 것은 아니지만 말이다.

한편, 네안데르탈인이나 데니소바인의 입장에서 생각하면 호모 사피엔스에게 유전자 선물을 주는 일은 결코 그들에게 도움 되는 일이 아니었다. 호모 사피엔스는 강해지면서 그들의 영역을 침범했고, 다른 인류들은 점점 더 살기 힘든 곳으로 쫓겨나갈 수밖에 없었다. 이에 약 3만 년 전 점점 다른 인류는 모두 멸종했고, 우리 인류만이 살아남았다.

프랑스 소설가 베르나르 베르베르는 《아버지들의 아버지》라는 소설에서 원숭이와 인류 사이를 잇는 '미싱 링크'에 대해 나름의 의견을 문학적으로 개진한다. 이 소설이 '과학적'이라고 단언할 수는 없지만, 적어도 한 가지 측면에서는 과학적으로도 고개를 끄덕일 만하다. 바로 '아버지들의 아버지'라는 제목이다. 남성의 성을 결정하는 Y 염색체는 아버지로부터 아들에게로 전달되며 오직 남성에게만 있다. 모든 남자는 조상 세대의 단 1명에게서 Y 염색체를 물려받는다. 한마디로, Y 염색체를 역추적하다 보면 인류 최초의 '아버지'를 찾아낼 수 있다.

Y 염색체는 남성 유전체의 2%를 차지한다. 이 염색체는 오직 아버지에게서 아들에게로만 전달되기 때문에 특별하다. 가계도로 생각해보자. 여기 가상의 남자 1명이 있다. 편의상 갑돌이라고 부르겠다. 이 갑돌이의 3세대 위의 조상, 증조부모의 수는 8명이다. 갑돌이는 8명의 증조부모로부터 유전자를 골고루 물려받았다. 하지만 갑돌이의 Y 염색체만큼은 단 1명, 아버지의 아버지의 아버지로부터 물려받는다.

사실 모든 남자는 조상 세대의 단 1명에게서 Y 염색체를 물려받는다. 4세대를 거슬러 올라가면 16명, 5세대를 거슬러 올라가면 32명의 직계 조상에게서 유전자를 고루고루 물려받지만, Y 염색체만큼은 오로지 단 1명의 것을 고스란히 물려받는 셈이다. 그렇다고 아버지로부터 물려받는 아들의 Y 염색체가 아주 똑같으라는 법은

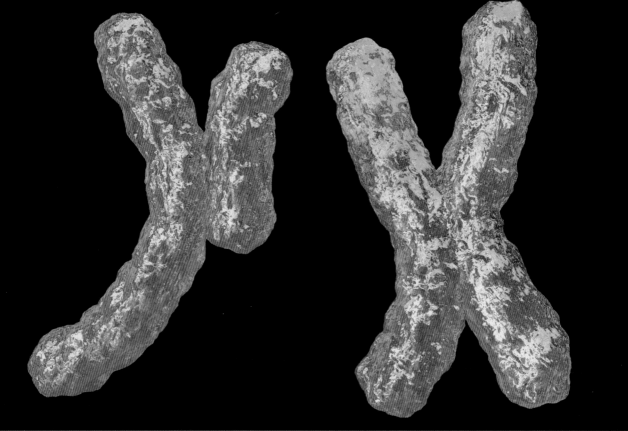

Y 염색체는 X 염색체와 한 쌍을 이루는 성염색체이다.

없다. Y 염색체뿐만 아니라 일반적으로 DNA는 일정 시간, 이를테면 수백 년이 지날 때마다 한 번 씩 변한다. Y 염색체가 일정 시간이 지나면 조금씩 변한다는 사실은 유전학자에게 꽤 유용하다. 두 사람의 DNA를 비교함으로써 언제 마지막으로 공통 조상이 살았는지 추측할 수 있기 때문이 다. 두 사람의 DNA는 조상이 서로 다른 경우보다 같을 때 더 공통점이 많을 것이다.

인간의 DNA는 원래 유전변이 genetic variation가 쉽게 일어나기 때문에 유전학자들은 세계 곳곳 의 지원자로부터 채취한 DNA 표본에서 Y 염색체를 조사한다. 조사 결과, 전 세계 남성의 Y 염색 체 염기 배열이 무척 유사했다. 일정 시간이 지나면 DNA가 변화한다는 사실과 그 속도를 이용해 계산해보니, 오늘날 모든 남성이 14만 년 전 한 남성의 Y 염색체를 공유한다는 사실을 알아냈다.

아버지의 아버지의 아버지의 아버지……. 이렇게 계속 거슬러 올라간 결과, 유전학자들은 지구 상의 남자가 모두 14만 년 전 살았던 한 남자의 아들들이라는 결론을 내렸다. 그 남자는 아마도 아프리카에 살았을 것이었다. 2013년 미국 애리조나 Arizona 대학교의 마이클 해머 Michael Hammer 연

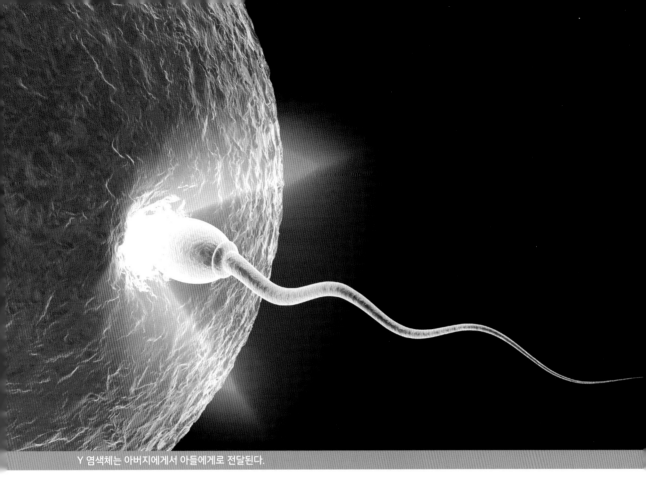

Y 염색체는 아버지에게서 아들에게로 전달된다.

구단이 한 남성의 Y 염색체가 기존에 발견한 Y 염색체에 들어맞지 않다는 것을 발견하기 전까진, 이 추측이 정설이었다.

아프리카계 미국인 앨버트 페리 Albert Perry의 Y 염색체는 기존에 분석한 다른 남성의 Y 염색체의 염기 서열과 확연히 달랐다. 페리가 14만 년 전 살았던, '인류 최초의 남성'이라 추정되던 남자의 아들일 리 없었다. 염색체가 변하는 속도를 기준으로 계산해보니, 페리의 조상은 무려 34만 년 전까지 거슬러 올라갔다. 페리와 같이 매우 특이한 Y 염색체를 포함해 모든 남자에게 Y 염색체를 물려준 진정한 '인류 최초의 남성'은 생각보다 아주 오래전에 살았다. 얼마나 오래전이냐면 현생 인류가 나타나기도 전이다!

어떻게 이런 일이 가능한 것일까? 인류의 조상은 31만 5천 년 전 처음 나타난 이래 아마도 수만 년 동안 다른 고인류와 함께 살았다. 이 시기에 우리의 조상은 다른 고인류와 교배하기도 했다.

수십만 년 전, 서아프리카에 고인류 중 1명이 살았다. 그 남자의 Y 염색체는 현생 인류의 Y 염색체와 완연히 달랐을 것이다. 만약 그 남자가 우리 인류의 조상과 짝을 맺어 자손을 남겼다면, 그리고 그 아이가 하필 남자아이였다면, 그 고인류 남성의 Y 염색체가 대대로 거슬러 내려와 현대에까지 남아 있을 수도 있다. 짧은 만남이었을 테지만, 그들의 만남은 긴 역사를 남겼다. 오늘날의 유전학자들은 모든 남성의 아버지를 찾기 위해 역사를 더 깊이 들여다봐야만 한다.

거대한 홍수나 지진 같은 자연재해처럼 충격적인 사건은 종종 구전설화로 전해지곤 하지만, 시간이 지나면서 이야기는 일부는 사라지고 일부는 덧대지면서 완전히 새로운 이야기가 된다. 일반적으로 500년에서 800년 정도가 지나면 이야기는 실제 사건과 완전히 달라져버린다. 그런데 호주 원주민들에게 전해 내려오는 구전설화는 다르다. 어느 날 갑자기 일어난 홍수 이야기를 담은 이 구전설화는 약 7천 년 전, 무려 선사시대에 실제 일어난 사건을 다큐멘터리처럼 고스란히 담고 있었다. 그걸 어떻게 아느냐고?

"옛날 옛날에 이곳은 바다가 아니라 아주 넓은 땅이었단다. 여기서부터 저기 하얀 바위까지 전부 마른땅이 있었지. 어느 날 두 여자가 먹을거리를 찾아 저쪽 땅으로 넘어갔는데 갑자기 바닷물이 밀려들어왔지 뭐니……."

아마추어 고고학자 로버트 매슈스Robert Matthews는 20세기 초 호주의 남동쪽 해안에 사는 원주민에게서 위와 같은 이야기를 들었다. 그리고 2015년 호주 선샤인 코스트the Sunshine Coast 대학교의 패트릭 넌Patrick Nunn과 뉴잉글랜드New England 대학교의 니콜라스 리드Nicholas Reid는 여러 자료를 검토한 결과 수천 년 전, 무려 빙하기 무렵 실제로 이곳에 홍수가 일어난 것이 분명하다고 단언했다.

둘은 원주민 부족들 사이에 어느 날 바닷물이 차올라 땅이 사라져버린 똑같은 내용의 구전설화가 내려온다는 사실에 주목했다.

1만 2500년 전, 남극의 빙하가 녹아 해수면이 급격히 상승했다.

호주의 해안선은 지난 7천 년 동안 변함없이 유지됐다.

호주에는 해안선을 따라 21개의 원주민 부족이 살고, 어떤 부족들은 수천 킬로미터나 떨어져 있는데 말이다. 부족들이 어떻게 같은 이야기를 공유할 수 있었을까? 어쩌면 실제로 일어났던 일이 아닐까?

과학 연구를 통해 지난 수천 년 동안 호주의 해수면이 상승하지 않았다는 사실은 확인됐다. 해수면 상승은 훨씬 오래전 일이었다. 2만 4천 년 전의 마지막 빙하기 후 빙하는 조금씩 녹기 시작했고, 약 1만 2500년 전 해수면이 상승했다. 이때는 남극의 빙하가 엄청나게 녹은 시기와 겹친다. 이후 호주의 해수면은 약 7천 년 전 현재 위치까지 올라온 뒤 거의 변하지 않았다.

만약 호주 원주민이 바닷물이 차오르던 때의 일을 구전설화로 전달한 것이라면 어떻게 이토록 오랫동안 정확하게 전해 내려온 것일까? 두 연구자는 이야기를 다음 세대로 전달하는 호주 원주민만의 독특한 방식 때문이라고 생각한다. 원주민들은 이야기를 들려주고 듣는 이가 정확히 알고 있는지 확인하기 위해 다른 사람에게 점검받게끔 한다. 일종의 크로스 체크를 하는 것이다. 더군다나 호주는 수천 년 동안 다른 지역과 교류가 없었다. 수백 년 전, 유럽인이 도착하기 전까지 호주 원주민들은 다른 사람들과 만날 일이 없었다. 아마도 이러한 특수한 조건 때문에 구전설화

오늘날의 통신 기술은 옛날이야기를 잠식하고 있다.

가 300 혹은 400 세대를 거쳐 당시 사건을 정확하게 전달하며 순수하게 유지됐을 것이다.

이 같은 기적이 계속될 수 있을까? 호주의 전통설화를 연구했던 두 연구자는 곧 이야기의 맥이 끊길 것 같다고 한다. 수천 년 만에 처음으로, 젊은 원주민들은 그들의 문화적 유산이 아닌 컴퓨터와 스마트폰과 같은 현대 기술에 더 큰 매력을 느끼고 있기 때문이다. 수천 년을 변함없이 전해 내려온 이야기가 오늘날의 통신 기술로 인해 영원히 사라질 위기라니, 아쉬울 따름이다.

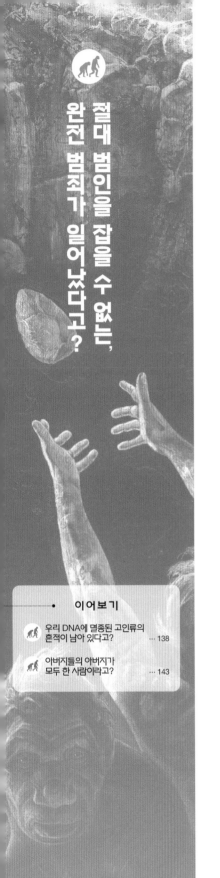

잔인한 살인마가 오른손의 무기로 젊은이의 머리를 여러 번 내리친다. 살인마의 공격은 머리뼈를 뚫고 뇌까지 관통하는 2번의 치명상을 남겼다. 이 범죄자는 싸늘하게 식은 젊은이의 시체를 동굴에 갖다버렸다. 완벽한 범죄 은닉이었지만 세상에 영원한 비밀은 없는 법. 젊은이의 시체는 사람들에게 발견되고야 말았다. 그렇다고 해서 서슬 퍼런 법의 칼날이 이 살인자에게 미치는 일은 없을 테지만. 이미 43만 년 전에 죽은 자를 무슨 수로 심판한단 말인가. 이 살인은 현생 인류가 나타나기 무려 10만여 년 전에 일어난, 인류 역사상 가장 오래된 살인 사건이다.

인류의 기원을 알아내기 위한 고생물학자들의 연구는 말 그대로 고달프다. 연구에 고생물의 화석이 필요한데, 잠깐만 생각해봐도 천년만년 된 화석이 많을 리 없다. 그래서 고생물학자들은 치아와 뼛조각 몇 개로 어렵게 연구하는 경우가 대다수다. 그런 의미에서 스페인의 석기시대 유적지, 시마 데 로스 우에소Sima de los Huesos은 고생물학자들에게 아주 소중한 장소. '해골 구덩이'라는 뜻을 지닌 이 깊고 좁은 동굴에서 네안데르탈인과 밀접하게 관련된 해골 화석을 28구나 발견했기 때문이다. 이 동굴은 대체 무엇이기에 죽은 사람들이 이렇게나 모여 있었을까?

짐작컨대, 이 동굴은 고대인의 무덤이었을 것이다. 누군가 죽으면 시체를 동굴로 옮겼다고 생각하면 28명이나 되는 사람이 한 동굴에서 발견된 이유를 쉽게 납득할 수 있다. 장례 같은 죽음의 의식도

스페인 시마 데 로스 우에소에서 발견한 머리뼈 화석 이마에는 커다란 구멍 2개가 뚫려 있다.

있었을지 모른다. 그렇다고 해서 이들이 모두 편안한 안식을 맞이한 것은 아니다. 뼛조각 52개를 모아 복원한, 성별을 알 수 없는 죽은 이의 머리뼈 화석 주인은 아마도 젊은 나이에 살해당했을 테니까. 이 머리뼈의 이마에는 아무래도 의심스러운 커다란 구멍이 2개나 뚫려 있었다.

　스페인 마드리드 콤플루텐세Complutense of Madrid 대학교의 노헤미 살라Nohemi Sala 연구단은 최첨단 법의학 기술인 고해상 3D 컴퓨터 모델 기법으로 머리뼈를 조사하고, 구멍 2개가 모두 죽기 직전에 만들어졌다는 사실을 밝혀냈다. 2개의 구멍은 크기와 모양도 매우 비슷했는데, 이 구멍 주변의 금들은 바짝 마른 뼈가 갈라질 때 생기는 금과 확연히 달랐다. 마치 끝이 뭉툭한 둔기로 맞은 자국처럼 보였다. 또한, 두 구멍은 약간의 시간 차이를 두고 차례로 만들어졌다. 어디서 떨어지거나 해서 동시에 생긴 상처가 아니라는 뜻이었다. 크기와 모양으로 미루어 짐작하건대, 석기시대 무기인 창이나 손도끼에 찍힌 상처일 가능성이 컸다.

　여러 증거를 토대로 볼 때 머리뼈 주인은 살해당한 것이 틀림없었다. 누군가 정면에서 뗀석기로 내리쳤을 것이다. 누가 죽였는지 알 수 없지만, 살인자는 오른손잡이였을 것이다. 구멍 2개가 모두 머리뼈 왼쪽에 있었기 때문이다. 오른손에 무기를 들고 휘두르면 왼쪽에 상처가 생긴다.

스페인 유적지, 시마 데 로스 우에소는 고대
인류의 무덤으로 여겨지곤 한다.

**범죄에 사용된 무기는 석기시대의 손도끼일까?**

　그나저나 이 인류가 발견한 이 역사상 최초의 살인 사건은 대체 왜 일어났을까? 기록에 남은 최초의 살인은 《성경》 속 카인이 동생 아벨을 질투하다 돌로 내려찍어 죽이면서 일어났다. 그렇다고 성별을 알 수 없는 이 시체가 아벨이라고 할 수는 없다. 영구 미제 사건으로 남은 이 살인 사건의 동기를 알아내기란 불가능하다. 그렇지만 살인자가 왜 동굴에 시체를 버렸을지는 짐작할 만하다. 입증하기는 어렵지만, 동굴이 정말 무덤이었다면 시체를 무덤에 갖다버리는 것은 전혀 어색한 일이 아니다. 이렇게 보면 법의학 연구가 단지 오늘날의 범죄만을 다루는 것은 아닌 듯하다. 이미 멸종한 고인류의 삶과 죽음까지도 살펴보게끔 하지 않는가.

# 충치가 인류의 가장 큰 실수를 알려준다고?

오늘날에는 정기적인 스케일링으로 치아 건강 관리도 가능하고, 충치 치료도 어렵지 않지만 1, 2세기 전만 해도 상황이 지금과 달랐다. 오죽하면 세계적으로 명성을 떨친 동화 작가 안데르센도 평생 충치로 고생했을까. 그렇다면 칫솔이나 치약 따위가 있었을 리 없는 고대인들도 충치 등으로 고생했을까? 2006년, 고고학자들은 9천 년 전 농경 사회의 해골 화석에서 충치의 흔적을 발견했다. 농사를 짓고, 농경 사회를 이룬 것이 인류의 커다란 실수라는 주장은 고고학의 케케묵은 논쟁거리 중 하나인데, 충치 화석은 이 논쟁과 딱 들어맞는 발견이었다.

인류는 약 1만 년 전부터 농경으로 먹거리를 생산했다. 농경 이전에는 작게 무리 지어 살며 야생 동물을 사냥하고 자연에서 열매, 씨앗, 견과, 식물 뿌리 등을 채취했다. 필요한 도구도 먹을 음식도 모두 자연에서 구했다. 하지만 농경을 시작하며 인류의 모든 것이 달라졌다. 농경 사회를 이룬 뒤 인류는 한곳에 정착해 작물과 가축을 길렀다.

여러 명이 1년간 먹을 식량을 한 번에 생산해냈다. 마을이 생겼고 인구가 증가했다. 농사를 짓지 않고 항아리나 농기계와 같은 도구를 전문적으로 만드는 사람도 나타났다. 인류는 수백만 년 동안 수렵 채집하며 이렇다 할 변화를 보이지 않았는데, 농사 시작 후 고작 수천 년이 지나자 도시를 만들고, 문자를 개발하고, 복잡한 공동체 생활을 시작했다. 농업 혁명이 일어난 것이다.

미국 과학자이자 《총, 균, 쇠》의 저자인 재러드 다이아몬드 Jared Diamond는 농업이 가져온 긍정적 변화에만 주목해선 안 된다고 지적한다. 1980년대, 그는 농경을 선택한 것은 인류 역사상 최악의 실수이며 인류의 삶이 농경으로 인해 더욱 힘들어졌다고 주장했다.

우선 전쟁이 일어났다. 농사짓기 이전에도 살인 같은 폭력 행위는 있었으나 전쟁은 없었다. 인류가 떠돌아다니던 때에는 두 부족 간에 사이가 틀어지면 그냥 멀리 떠나면 되는 일이었다. 그런데 농경을 시작하자 이웃과 사이가 틀어져도 떠날 수가 없었다. 농사짓는 땅에 묶여 살며 계속해서 이웃과 다퉜다. 고고학 기록에 의하면, 농업 혁명 이전에는 대규모 살인이 없었다. 우리는 이 점에 주목할 필요가 있다.

불평등도 초래됐다. 다수의 고고학자는 수렵 채집 활동을 하는 집단이 더 평등하다고 생각한다. 농사를 지으며 생겨난 여유 생산물로 누군가가 권력을 갖게 됐고, 지배 계층이 등장하자 피지배 계층은 불행해졌다. 4천 년 전 메소포타미아에 있던 도시 국가, 라가시 Lagash 시민들은 부패한 지배자에 대한 불평을 기록으로 남겼다.

전염병도 심각한 문제였다. 여러 사람이 한 곳에 빽빽하게 모여 살다 보니 전염성 세균이 활개를 쳤다. 이 시기의 화석을 살펴보면, 수렵 채집할 때보다 농사지을 때 키가 확연히 줄어들었다.

출산의 고통이 심해진 것이 농업 혁명 이후라는 주장도 있다. 오늘날 여성에게 아이를 낳는 일은 무척 고통스러운 일이다. 그렇게 된 까닭이 산모가 탄수화물이 풍부한 식사를 하면 태아의 몸무게가 늘어난 결과라는 것이다.

마지막으로, 이가 썩기 시작했다. 단백질이 풍부한 수렵 사회의 식단에서 탄수화물과 당분이 풍부한 농경 사회의 식단으로 바뀌자 충치가 생기기 시작한 것이다. 미국 캔자스Kansas 대학교와 프랑스 푸아티에Poitiers 대학교 연구단은 2006년 파키스탄 서부 산악지대인 발루치스탄주 메르흐가 지역에 살던 신석기인들에게 유난히 충치가 많았다는 사실을 〈네이처〉Nature에 발표했다. 이곳 해골 화석 중 9구에는 뾰족한 도구를 이용해 썩은 치아를 치료받은 흔적도 남아 있었다. 고대 문명 발생 수천 년 전에 충치 치료 기술이 있었던 것이다. 마취제가 없어 매우 고통스러웠을 텐데도 불구하고 신석기들이 활에 부착된 부싯돌 촉으로 썩은 부분을 제거한 뒤 구멍을 메꾸는 '땜질' 시술까지 했다는 사실은 그들에게 충치 문제가 그만큼 심각했다는 방증이다. 이것은 분명히 농경이 불러온 부정적인 영향이다.

초기 농경민들은 한곳에 정착해 마을을 이루고 살았다.

농경으로 인해 출산의 고통과 위험이 더욱 가중됐다.

이 같은 단점들에도 불구하고 오늘날 인류는 농사로 생산한 음식을 먹으며 살고 있다. 게다가 전 세계적으로 인구도 늘고 있다. 작물 생산성을 늘려 인류의 먹거리를 확보할 방법을 연구해야만 한다. 농경이 인류 역사상 최악의 실수였을 수도 있지만, 농경이 아니었더라면 현재 인류의 모습은 상상조차 하기 힘들다. 덧붙여 기나긴 인류의 역사에 비춰 보면 농업 혁명이라는 극적인 변화는 비교적 최근에 이뤄졌다. 인류는 아직 변화에 적응하지 못한 채 여전히 진화하는 중일지도 모른다.

기적의 약, 만병통치약이 나타났다. 암, 파킨슨병, 심장병…… 모조리 치료한다. 비용도 공짜다. 이 약이 대체 뭐냐고? 솔직히 털어놓자면 설탕으로 만든 가짜 약이다. 병을 치료한 것은 약은 아니라 플라세보 효과다. 사람들은 병이 나으리라는 기대와 믿음만으로 스스로를 치료했다. 믿음만으로 자기를 치료하는 그런 일이 가능하다면 환자들은 왜 진즉에 자신을 치료하지 않은 것일까? 어떤 과학자들은 그 이유를 진화에서 찾는다. 인간이 21세기가 된 아직도 현대의 삶에 완벽하게 적응하지 못했기 때문에 플라세보 효과가 나타난다는 것이다.

'플라세보 Placebo 효과'는 '낫게 되리라는 믿음'만으로 정말 치료되는 현상을 가리키는 용어지만, 인간에게만 일어나는 현상은 아니다. 동물도 플라세보 효과를 보이기 때문이다.

2002년 미국 오하이오 Ohio 주립대학교의 랜디 넬슨 Randy Nelson 연구단은 세균에 감염된 햄스터의 면역 체계가 전등 빛의 세기에 따라 다른 반응을 보인다는 사실을 밝혀냈다. 일조량이 감소하는 겨울처럼 전등을 잠시만 켜놓으면 햄스터의 면역 체계가 병원균에 대항하지 않았는데, 햇빛이 강한 여름처럼 전등을 오래 켜놓자 병원균에 맞서 싸운 것이다. 전등 빛이 마치 설탕으로 만든 가짜 약과 비슷한 효과를 보인 셈이다.

2012년 영국 브리스틀 Bristol 대학교의 피트 트리머 Pete Trimmer 연구단은 인간의 면역 체계 작동 방식과 플라세보 효과를 연결짓기

**러시안 햄스터는 매우 독특한 플라세보 반응을 보였다.**

위해 실험을 진행했다. 면역 체계는 에너지를 많이 소모하기 때문에, 동물은 물론 인간도 무의식적으로 외부 환경의 조건을 고려하여 면역 반응을 정도를 결정한다고 가정했다.

햄스터 실험을 놓고 생각해보자. 겨울의 햄스터는 면역 반응을 최소한으로 억제했을 것이다. 가뜩이나 먹이도 모자라는데 면역 반응을 높였다가 에너지를 다 써버리면 정말 죽을지도 모르기 때문이다. 어쩌면 가볍게 병을 앓는 편이 싸게 먹힐지도 모른다. 그래서 겨울이면 얼어 죽지 않을 정도로만 보일러를 켜듯 최소한의 면역 체계만 가동하는 것이다. 하지만 여름에는 상황이 다르다. 쉽게 먹이를 구할 수 있으므로 면역 체계에 에너지를 조금 쓴다고 죽지는 않을 터이다. 그래서 여름이 되면 햄스터는 면역 반응을 최대치로 조정한다는 것이다.

인간의 플라세보 효과도 위와 같이 설명할 수 있다. 인간은 무의식적으로 면역 반응 스위치를 낮은 단계에 맞춰두지만 가짜 약을 먹으면 여름날의 햄스터처럼 면역 반응을 높인다. 세균이 약 때문에 약해져 있으므로, 에너지를 조금 더 사용해서 면역 반응을 조금만 높이면 세균에 효과적으로 대응할 수 있다고 무의식적으로 계산한다는 것이다.

트리머 연구단은 컴퓨터 시뮬레이션을 통해 후속 연구도 진행했다. 이때 연구단은 사람들이 가짜 약에 대한 믿음이 강해지면 우리의 무의식이 면역 체계를 아예 꺼버릴 것이라고 가정했다.

먹거리가 늘어나면 인간의 플라세보 효과가 줄어들어야 하지만, 아직 줄어들지 않고 있다.

약이 세균을 물리칠 텐데 면역 체계를 쓸데없이 켜놓을 이유가 없는 것이다. 그래서 가짜 약을 먹은 사람들은 오히려 상태가 더 나빠지기도 한다. 역 플라세보 효과라고 할 수 있다.

그런데 트리머 연구단은 햄스터 연구 결과를 인간에게 적용하며 한 가지 사실을 간과했다. 오늘날 사람들은 어쨌든 열량이 높은 음식을 잘 챙겨 먹기 때문에 언제라도 면역 반응을 최대로 올릴 수 있다. 그런데도 우리 몸이 왜 굳이 척박한 환경을 가정하고 면역 반응을 낮은 단계로 맞춰 놓은 걸까? 이를 설명하기 위해 진화적 관점이 필요하다.

영국 런던 정치경제 London Shcool of Economics 대학교의 니콜라스 험프리 Nicholas Humphrey는 우리 몸이 아직도 풍요로운 현대에 적응하지 못하고, 먹이를 수렵 채취하던 선사시대처럼 몸의 에너지를 최대한 아끼려 드는 것이라고 설명했다. 인류는 농경을 시작하면서 안정적으로 식량을 구할 수 있게 됐다. 그러므로 이제는 면역 체계 가동에 에너지를 아낄 필요가 없다. 그럼에도 불구하고 우리 몸은 아직도 굳이 에너지를 최대한 아끼려 드는 것이다. 만약 우리 몸이 에너지를 아낄 필요가 없는 상황에 적응하면, 플라세보 효과는 사라질지도 모른다.

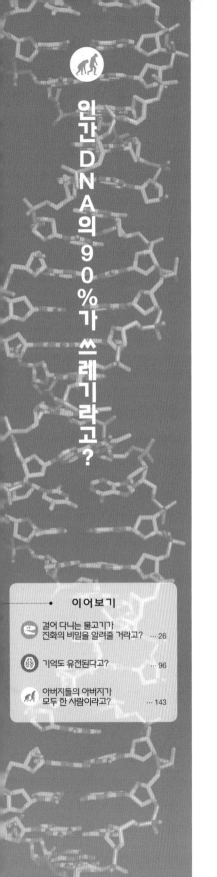

## 이어보기

걸어 다니는 물고기가
진화의 비밀을 알려줄 거라고? … 26

기억도 유전된다고? … 96

아버지들의 아버지가
모두 한 사람이라고? … 143

2014년 개봉 영화 〈루시〉에는 이런 내용이 나온다. 인간의 평균 뇌 사용량이 10%고 나머지 90%를 전부 사용한다면 자유자재로 염력을 쓰는 초능력자도 될 수 있다는 것이다. 같은 맥락에서 우리가 사용하는 뇌는 고작 10%에 불과하고, 나머지 90%를 전부 사용한다면 누구나 아인슈타인 같은 천재가 된다는 이야기도 있다. 이것은 터무니없는 헛소문이다. 마찬가지로, 인간의 유전체가 쓰레기 DNA로 가득하다는 말도 사실이 아니다. 우리가 아직 정체를 알아내지 못했다고 기능이 없는 쓰레기로 치부할 수는 없는 노릇 아닌가.

저 큰 우주에서 별과 행성이 차지하는 비율이 단지 4%다. 나머지 96%에 대해 우리는 알지도 못하고, 알아내기도 어렵다. 그렇다고 우주의 96%가 쓸모없지는 않을 것이다. 인간의 유전체에 대해서도 마찬가지다. 인간 유전체의 90%의 기능을 모른다는 말을 쓸모가 없다는 의미로 받아들이면 곤란하다.

결론부터 말하자면, 인간의 세포핵 안에 들어 있는 유전체는 무척 크다. 유전체를 꺼내 쫙 펼치면 길이가 2미터에 달할 정도다. 염기 서열은 30억 개에 달한다. 유전학자들이 염기 서열을 읽어내는 데만 수년이 걸린 것도 이해가 된다.

유전학자들은 2000년에 염기 서열을 모두 읽어낸 다음 곧바로 분석에 돌입했고, 2001년 인간 유전자의 개수가 2만에서 3만 개라는 사실을 밝혀냈다. 유전학자 대부분이 예상하던 10만 개에 훨씬

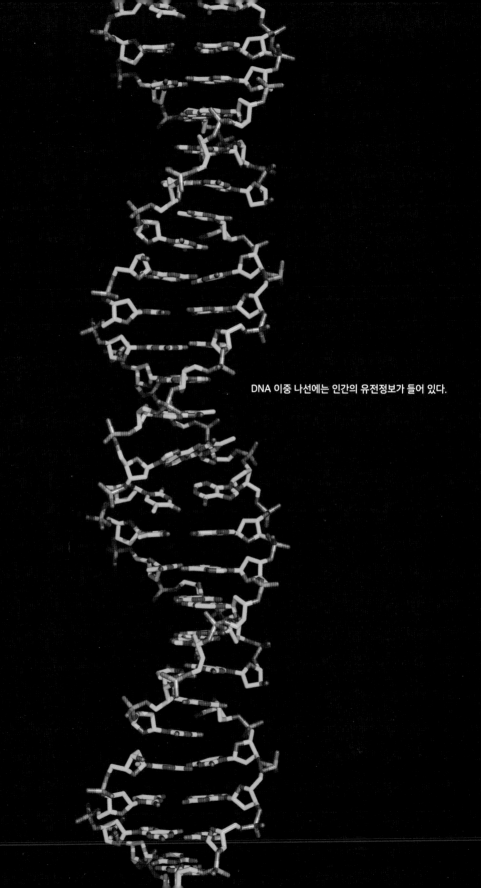

DNA 이중 나선에는 인간의 유전정보가 들어 있다.

적은 숫자였다. 게다가 유전체에서 암호화된 유전정보를 전달하는 DNA는 2%에 불과했다. 그렇다면 나머지 98%의 DNA는 무슨 일을 하는 걸까?

나머지 98%를 연구하기 시작한 유전학자들은 이 비암호화 DNA non-coding DNA가 생각보다 많은 일을 한다는 것을 알아냈다. 비암호화 DNA가 일반적으로 진화에 중요한 역할을 하며, 특히 인간의 진화에 결정적인 역할을 했다는 사실이다.

2008년 미국 예일 Yale 대학교의 제임스 누난 James Noonan 연구단은 인간과 침팬지의 비암호화 DNA를 비교했다. 인간과 침팬지는 약 700만 혹은 600만 년 전에 공통조상에서 갈라져 독립적으로 진화했다. 그런데 공통조상에게서 갈라지자마자 인류의 비암호화 DNA가 급격하게 진화했다. 이처럼 급격한 변화는 대체로 중요한 역할을 하는 DNA에서 일어나는데 말이다. 알고 보니, 비암호화 DNA는 마치 스위치처럼 특정 유전자의 발현 여부를 조절하며 배아 단계에서 팔다리를 만드는 데 중요한 역할을 했다.

누난 연구단은 비암호화 DNA가 인간에게만 있는 마주 보는 엄지손가락의 발달에도 도움을 준다고 생각했다. 최근에는 연구를 통해 비암호화 DNA는 직립 보행, 커다란 뇌, 말할 때 쓰는 얼굴 근육과 같은 인간의 다른 중요한 특징과도 깊게 관여한다는 사실을 밝혀냈다. 이 정도라면 아무리 유전정보를 전달하지 않더라도 감히 쓰레기라고 부르기는 어렵다. 하지만 이렇게 알아낸 부분도 전체 DNA의 5~10%에 불과하다. 나머지 90%는 무슨 일을 하는지 도무지 알 수 없어 아직까지도 쓰레기 DNA라고 부를만한 상태로 남아 있다.

유전학자들은 정크 DNA도 결국 쓰임새가 있으리라 추측한다. 시간이 문제일 뿐, 결국 우리 몸 속 DNA의 모든 쓰임새를 알아낼 것이라고 확신한다. 반면 진화생물학자들은 인간이 진화하며 생겨난 불필요한 쓰레기가 유전체에 쌓여 있다는, 회의적인 입장이다. 불필요한 DNA를 바리바리 싸들고 다녀도 비용이 적어 굳이 정리할 필요를 못 느꼈다는 것이다. 진화생물학자들은 인간 유전체의 최소 50% 정도는 불필요한 쓰레기라는 사실을 유전학자들이 언젠가 인정할 것이라 입을 모은다. 어느 쪽 의견이 진실인지는 아무도 모르지만, 언젠가는 우리도 진실을 알게 될 것이다.

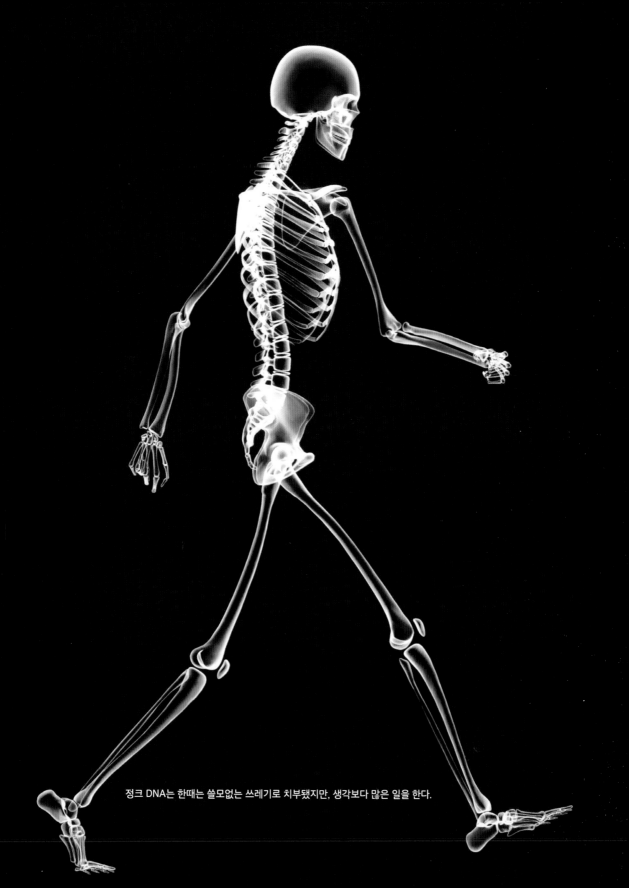

정크 DNA는 한때는 쓸모없는 쓰레기로 치부됐지만, 생각보다 많은 일을 한다.

인간이 양자 기계라고?

약 100년 전, 독일의 위대한 화학자 알프레드 슈토크는 수소와 붕소를 섞어 새로운 화학물질, 보레인을 합성했다. 보레인은 쉽게 폭발하는 성질을 지닌 매우 위험한 물질이었는데, 슈토크는 용감하게도 새로운 화학물질의 냄새를 킁킁 맡고서는 이 물질에서 매우 역겨운 냄새가 난다고까지 기록했다. 그리고 한 세기가량 세월이 흘러 슈토크의 기록은 우리가 어떻게 냄새를 맡는지를 설명하는 가설 중 하나를 뒷받침하게 된다. 슈토크의 기록이 뒷받침한 가설은 우리가 새로운 냄새를 맡을 때 양자물리학의 기이한 효과에 의존한다는 내용이었다.

인간 코는 냄새를 기가 막히게 구별한다. 기존에는 인간이 1만 가지 냄새를 구별한다고 알려졌지만, 미국 록펠러 Rockefeller 대학교의 레슬리 보스홀 Leslie Vosshall 연구단은 최근 연구를 통해 인간은 1조 가지 냄새를 구별한다고 주장했다. 그렇다면 우리는 어떻게 냄새를 구별하는 걸까? 과학계의 기존 생각은 냄새 분자마다 모양이 다르고, 코의 냄새 수용기 receptor 는 각각의 냄새 분자의 생김새를 구분하며 냄새를 맡는다고 보았다.

하지만 그리스 알렉산더 플레밍 생명의학 BSRC Alexander Fleming 연구소의 생물학자 루카 투린 Luca Turin 의 생각은 달랐다. 그는 코가 냄새 맡는 원리를 이해하기 위해 양자물리학을 알아야 한다고 주장했다. 화학분자는 형태뿐만 아니라, 뚜렷한 진동 주파수 vibrational frequency 도 가지고 있다. 분자마다 진동 주파수가 다른데, 그 이유

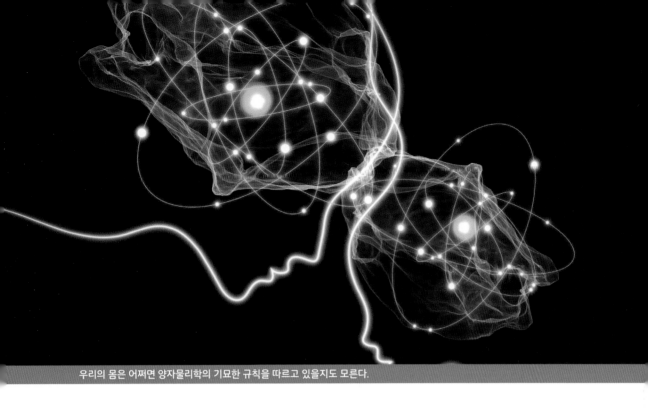

우리의 몸은 어쩌면 양자물리학의 기묘한 규칙을 따르고 있을지도 모른다.

는 분자의 화학적 결합마다 흔들리는 방식이 다르기 때문이다. 투린은 우리가 냄새 분자 각각의 고유한 진동을 구분한다고 주장한다. 코의 냄새 수용기에 새로운 냄새 분자가 닿으면, 고유한 주파수의 진동이 전기 신호로 변환되어 뇌에 전달되고, 뇌는 이를 기록한다는 것이었다.

이와 같은 투린의 주장에는 어떻게 전자를 매개로 하는 전기 신호가 뇌까지 전달되는지 설명하기가 어렵다는 한 가지 결함이 있다. 전자 같은 입자는 코의 수용기를 넘어설 수 없기 때문이다. 이해하기 쉽게 전자는 작은 테니스공이고 수용기는 벽이라고 가정해보자. 아주 강력한 힘으로 내려치지 않는 한 테니스공은 벽을 뚫고 나갈 수 없다. 마찬가지로 코의 수용기는 전자가 통과할 수 없는 벽이고, 전자에는 벽을 뚫을 만한 에너지가 없다. 투린은 이러한 생각이야말로 전자가 고전물리학의 법칙을 따를 것이라는 잘못된 생각이라고 지적한다. 전자의 크기가 너무 작아서 전통물리학이 아닌 이상하고 기묘한 양자물리학의 법칙을 따른다는 것이다.

양자물리학의 이상한 규칙 중 하나는 전자처럼 아주 작은 물체는 입자처럼도 행동하지만 동시에 에너지 파동처럼도 행동한다는 것이다. 양자물리학에서는 이런 이중성으로 인해 입자의 운동량 위치를 정확하게 측정하기란 불가능하다고 생각한다. 전자의 위치는 확률로 추측할 따름이다. 전자가 존재할 수 있는 확률이 있는 곳을 모두 모아서 전자구름이라고 부른다. 행성을 둘러싼

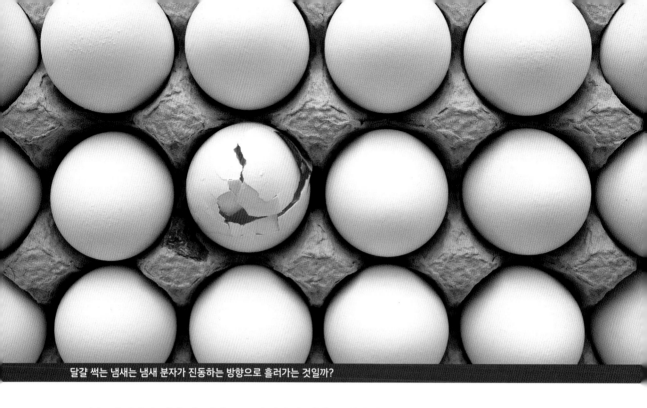

달걀 썩는 냄새는 냄새 분자가 진동하는 방향으로 흘러가는 것일까?

두꺼운 대기처럼 생긴 이 전자구름 안이라면 전자는 원자핵 어디라도 위치할 수 있다. 테니스공은 유령처럼 벽을 쓱 통과할 수 없지만, 전자구름 안쪽이라면 전자는 어디라도 갈 수 있다. 당연히 코의 수용기를 쓱 통과할 수도 있다. 말도 안 되는 일처럼 느껴지겠지만 가능하다. 냄새 분자가 있으면 이 일이 더 쉬워진다. 전자는 벽 너머의 원자에게 맞춰 진동할 딱 알맞은 에너지 양만 남기고 여분의 에너지를 냄새 분자에게 주는 일이 가능하기 때문이다. 그러다 보면 전자는 어느새 수용기라는 벽을 넘어가게 되고, 전기 신호는 뇌에 도달한다. 양자물리학자들이 '양자 터널 효과'quantum tunnel effect라고 부르는 터무니없는 일이 우리 코에서 매번 일어난다는 것이다.

그렇다면 우리의 코가 냄새를 구분할 때, 분자의 모양으로 구별할까? 아니면 분자의 진동으로 구별할까? 만약 투린의 주장이 맞다면, 같은 방식으로 진동하는 분자는 비로 모양이 다르더라도 같은 냄새가 날 것이다. 만약 기존의 가설인 분자의 모양에 따라 냄새를 구별한다면, 분자의 모양이 같을 때 같은 냄새를 맡을 것이다.

투린은 자신의 가설을 입증하기 위해 달걀 썩은 냄새가 나는 황 분자를 이용했다. 이후 황 분자와 모양은 다르지만, 정확히 같은 방식으로 진동하는 분자를 찾기 위해 화학 교과서를 샅샅이 뒤졌다. 마침내 찾아낸 것이 바로 수소화 붕소, 보레인borane이었다. 90년 전 슈토크의 기록처럼 보레인은 달걀이 썩은 것처럼 악취가 났다. 투린의 가설을 지지하는 결과였다. 그러나 아직 투린의 양자물리학 코 가설은 많은 지지를 얻지 못하고 있다. 그에게 남은 과제는 냄새 수용기가 양자 터널을 이용하는 바로 그 순간을 포착하는 일이다. 이에 그는 2016년부터 현재까지 낙관적인 전망으로 계속 연구하고 있다.

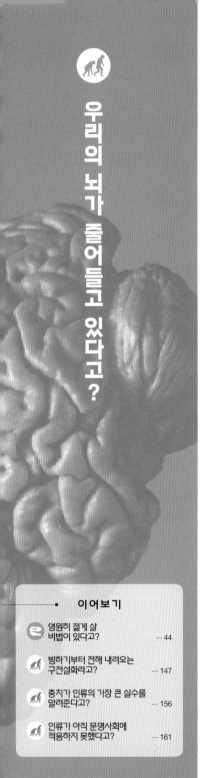

**이어보기**

영원히 젊게 살 비법이 있다고?                                    ··· 44

빙하기부터 전해 내려오는 구전설화라고?                          ··· 147

충치가 인류의 가장 큰 실수를 알려준다고?                        ··· 156

인류가 아직 문명사회에 적응하지 못했다고?                       ··· 161

# 우리의 뇌가 줄어들고 있다고?

45억 4천 년 전 지구가 탄생했고, 5억 년 전 생물이 진화해 동물이 나타났다. 그리고 현생 인류는 31만 5천 년 전에야 비로소 모습을 드러냈다. 그렇지만 우리의 여정은 아직 끝나지 않았다. 2016년 5월 유전학 국제 세미나는 인간이 오늘날에도 진화하고 있다고 강조했다. 이를테면, 수천 년 전 로마인이 영국을 떠난 이후 영국인들은 유당을 잘 소화하게 됐다. 인류의 수명은 계속 길어졌고, 눈부신 의학의 발전으로 인해 더 길어질 전망이다. 하지만 이런 변화가 무슨 대수란 말인가. 현재 인류의 뇌는 그 크기가 줄어들고 있다!

인류는 스스로 역사상 그 어느 때보다 지금이 가장 똑똑하다고 생각한다. 인류의 조상이 처음 등장한 이후 수백만 년에 걸쳐 우리 뇌가 진화하며 점점 더 커지고 정교해졌다고 믿는 것이다. 과연 그럴까? 우선 크기로 따지자면, 인간 뇌는 지금이 아니라 2만 년 전에 가장 컸다. 게다가 첨단 기술의 시대인 인류세를 사는 인간 뇌는 석기시대를 살던 원시인의 뇌보다 더 작다. 인간의 뇌는 대체 얼마나 작아졌을까? 그리고 왜 줄어들었을까?

미국 위스콘신 Wisconsin 대학교 매디슨 Madison 캠퍼스의 고고학자 존 호크스 John Hawks는 뇌가 생각보다 많이 줄어들었다고 밝혔다. 줄어든 크기가 무려 테니스공 정도 크기라는 것이었다. 이처럼 뇌가 줄어든 원인에 대해 영국 캠브리지 Cambridge 대학교의 마르타 라르 Marta Lahr은 농경을 문제의 원인으로 꼽았다. 농사짓기 시작하며

인류의 조상은 현대인보다 뇌의 크기가 더 컸다.

식단이 바뀌자 수렵 채집인보다 영양가 부족한 음식을 먹게 됐다는 것이다. 농사짓기 위해 모여 살았기 때문에 전염병에도 취약해졌고, 영양분의 상당 부분을 면역 체계에 할당함으로써 뇌를 키울 만한 여분의 영양분이 없었을 것이라 덧붙였다.

작아진 뇌를 설명하는 다른 주장도 많다. 몇몇 과학자들은 뇌가 크기를 줄이고 효율성을 높이는 방향으로 진화했다고 말한다. 최근 신경과학 연구가 이와 일맥상통한다. 특수한 기억력 장애를 겪는 사람은 평생 뇌가 변하고 적응력이 떨어졌다.

다소 우울한 설명도 있다. 실제로 인류의 지능이 낮아지고 있다는 설명이다. 2012년 미국 스탠퍼드Stanford 대학교의 생물학자 제럴드 크랩트리Gerald Crabtree은 수렵 채집을 하던 인류의 조상은 변화무쌍한 환경에서 살아남기 위해 머리 회전이 빨라야 했지만, 현대 인류는 매일 비슷한 환경에서 살기 때문에 뇌가 무뎌져도 살아남았다고 주장한다.

인류의 뛰어난 지능을 상징하는 과학 기술이 도리어 뇌를 멍청하게 만들고 있다는 주장도 있다. 미국 캘리포니아California 대학교의 벤저민 스톰Benjamin Storm 연구단은 스마트폰이 인류의 값비싼 외장 뇌로 자리매김했다고 밝혔다. 우리는 스마트폰으로 인터넷에 접속해 순식간에 방대한 지식에 접근한다. 이제 더 이상 정보를 기억해야 할 필요도, 문제를 해결할 필요도 없다. 인터넷

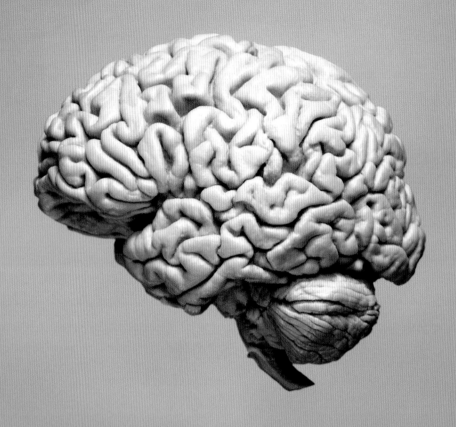

인류는 석기를 사용하며 지능을 발전시켰다.

이 시키는 대로 잘 따라하면 되기 때문이다. 330만 년 전 인류의 조상은 돌로 도구를 만들어 가며 지적 능력을 확장시켰는데, 오늘날 우리의 첨단 기술의 집약체인 스마트폰은 정말 지적 능력을 저하시키는 것일까? 생각해볼 문제다.

# 부록

# 나라별 대학&기관

# 나라별 대학&기관

# 찾아보기

# 찾아보기

# 찾아보기

# 자연과학

### 공룡이 덩치가 너무 커서 멸종했다고?

The world's largest dinosaur can be seen right now in New York City. (15 January 2016) *The Verge*
Did dinosaurs exist as dwarfs? (7 September 2014) *BBC Earth*

### 새들에게도 문법 규칙이 있다고?

Humans and birds share the same singing genes. (11 December 2014) *New Scientist*
These birds use a linguistic rule thought to be unique to humans. (8 March 2016) *Washington Post*

### 다람쥐는 반쯤 얼어붙은 채로도 살아남는다고?

When your veins fill with ice. (11 March 2016) *BBC Earth*
What the Supercool Arctic Ground Squirrel Teaches Us about the Brain's Resilience. (26 June 2012) *Scientific American*

### 갯가재가 치타보다 빠르다고?

How some animals accelerate faster than all others. (19 September 2016) *BBC Earth*
The Most Powerful Movements in Biology. (September 2015) *American Scientist*

### 걸어 다니는 물고기가 진화의 비밀을 알려줄 거라고?

Scientists raised these fish to walk on land. (27 August 2014) *The Verge*
Adapt first, mutate later: Is evolution out of order? (14 January 2015) *New Scientist*

### 유전자를 편집할 수 있다고?

5 Big Mysteries about CRISPR's Origins. (12 January 2017) *Scientific American*
Swedish Scientist Begins Editing Human DNA in Healthy Embryos. (25 September 2016) Futurism

### 이기적인 암세포가 우리를 죽일 거라고?

Tumours could be the ancestors of animals. (9 March 2011) *New Scientist*
The Self-ish Cell: Cancer's emerging evolutionary paradigm.(9 August 2011) *EvMed Review*

### 지구 온난화를 미생물이 막고 있다고?

Live wires: The electric superorganism under your feet. (15 December 2010). *New Scientist*
Seabed superorganism uses electricity to lock up greenhouse gas. (21 October 2015) *New Scientist*

### 완전히 새로운 영역의 생물이 존재한다고?

Glimpses of the Fourth Domain? (18 March 2011) *Discover*
Mystery microbes in our gut could be a whole new form of life. (11 November 2015) *New Scientist*

### 영원히 젊게 살 비법이 있다고?

Greenland shark may live 400 years, smashing longevity record. (11 August 2016) *Science*
The animals and plants that can live forever. (19 June 2015) *BBC Earth*

# 의료과학

### 노화를 약으로 치료할 수 있다고?

Anti-ageing pill pushed as bona fide drug. (17 June 2015) *Nature*
Feature: The man who wants to beat back aging. (16 September 2015) *Science*

### 지방이 살을 빼준다고?

Brown Fat, Triggered by Cold or Exercise, May Yield a Key to Weight Control. (24 January 2012) *The New York Times*
Supercharging Brown Fat to Battle Obesity. (15 July 2014) *Scientific American*

### 똥을 약에 쓴다고?

Taboo transplant: How new poo defeats superbugs. (15 December 2010) *New Scientist*
Policy: How to regulate faecal transplants. (19 February 2014) *Nature*

### 미생물들이 말라리아 치료제 공장에서 일한다고?

Pharma to fork: How we'll swallow synthetic biology. (9 April 2014) *New Scientist*
Synthetic biology's first malaria drug meets market resistance. (23 February 2016) *Nature*

### 천 년 전에도 항생제가 있었다고?

Keep medicine out of the dark ages. (2 July 2014) *Financial Times*
Antibiotic-Resistant Bacteria Are No Match For Medieval Potion. (30 March 2015) *Popular Science*

### 척추 마비 환자가 자전거를 탄다고?

UCL research helps paralysed man to recover function. (21 October 2014) *University College London*
The paralysed man who can ride a bike. (4 March 2016) *bbc.co.uk*

### 장기를 양복처럼 맞출 수 있다고?

Anthony Atala: Printing a human kidney. (March 2011) *TED*
Soon, Your Doctor Could Print a Human Organ on Demand. (May 2015) *Smithsonian Magazine*

### 머리도 이식할 수 있다고?

The Audacious Plan to Save This Man's Life by Transplanting His Head. (September 2016) *The Atlantic*
Head transplant carried out on monkey, claims maverick surgeon. (19 January 2016) *New Scientist*

### 걱정 때문에 죽을 수도 있다고?

The nocebo effect: how we worry ourselves sick. (29 March 2013) *New Yorker*
New Insights into the Placebo and Nocebo Responses. (31 July 2008) *Neuron*

### 유전자가 죽음 뒤에 더 활발해진다고?

Hundreds of genes seen sparking to life two days after death. (21 June 2016) *New Scientist*

# 두뇌과학

### 독심술이 과학이라고?

Scientists use brain imaging to reveal the movies in our mind. (22 September 2011) *Berkeley News*
Voicegrams transform brain activity into words. (31 January 2012) *Nature*

### 꿈 해킹으로 기억을 조작한다고?

False memories implanted into the brains of sleeping mice. (9 March 2015) *The Guardian*

### 기억도 유전된다고?

Fearful memories haunt mouse descendants. (1 December 2013) *Nature*
First evidence that sperm epigenetics affect the next generation. (13 April 2016) *New Scientist*

### 뇌를 훈련할 수 있다고?

The brain's miracle superpowers of self-improvement. (24 November 2015) *BBC Future*
Cache Cab: Taxi Drivers' Brains Grow to Navigate London's Streets. (8 December 2011) *Scientific American*

### 뇌 한 부분이 없어도 괜찮다고?

A civil servant missing most of his brain challenges our most basic theories of consciousness. (2 July 2016) *Quartz Magazine*
How Much of the Brain Can You Live Without? (n.d.) *Brain Decoder*

### 잠을 자는 이유가 뭐라고?

What is the real reason we sleep? (18 March 2016) *BBC Earth*
Mystery of what sleep does to our brains may finally be solved. (12 July 2016) *New Scientist*

### 지루해서 죽을지도 모른다고?

Psychology: why boredom is bad… and good for you. (22 December 2014) *BBC Future*
Bored to death? (21 December 2009) *International Journal of Epidemiology*

### 기생충이 위험한 행동을 부추긴다고?

How Your Cat Is Making You Crazy. (March 2012) *The Atlantic*
Cat parasite linked to mental illness, schizophrenia. (5 June 2015) *CBS News*

### 귀신을 보려면 실험실로 오라고?

Ever felt a ghostly presence? Now we know why. (12 November 2014) *New Scientist*
Mystery of deja vu explained - it's how we check our memories. (16 August 2016) *New Scientist*

### 어떤 사람은 총천연색 너머를 본다고?

The mystery of tetrachromacy: if 12% of women have four cone types in their eyes, why do so few of them actually see more colours? (17 December 2015) *The Neurosphere*
The woman with superhuman vision. (5 September 2014) *BBC Future*

# 인류과학

### 우리 몸에 대해 몰라도 너무 몰랐다고?

Mesentery: New organ discovered inside human body by scientists (and now there are 79 of them). (3 January 2017) *The Independent*
1 in 13 people have bendy chimp-like feet. (29 May 2013) *New Scientist*

### 우리 DNA에 멸종된 고인류의 흔적이 남아 있다고?

The 4 genetic traits that helped humans conquer the world. (20 April 2016) *New Scientist*
DNA analysis reveals how humans interbred with Neanderthals. (18 March 2016) *Wired*

### 아버지들의 아버지가 모두 한 사람이라고?

The father of all men is 340,000 years old. (6 March 2013) *New Scientist*

### 빙하기부터 전해 내려오는 구전설화라고?

Ancient Aboriginal stories preserve history of a rise in sea level. (12 January 2015) *The Conversation*
The Atlantis-style myths that turned out to be true. (19 January 2016) *BBC Earth*

### 절대 범인을 잡을 수 없는, 완전 범죄가 일어났다고?

Scientists discover 430,000-year-old murder in Spain. (27 May 2015) *Popular Archaeology*

### 충치가 인류의 가장 큰 실수를 알려준다고?

How our ancestors drilled rotten teeth. (29 February 2016) *BBC Earth*
The real reason why childbirth is so painful and dangerous. (22 December 2016) *BBC Earth*

### 인류가 아직 문명사회에 적응하지 못했다고?

Evolution could explain the placebo effect. (6 September 2012) *New Scientist*
How a dog's mind can easily be controlled. (18 October 2016) *BBC Earth*

### 인간 DNA의 90%가 쓰레기라고?

You are junk: Why it's not your genes that make you human. (27 July 2016) *New Scientist*
How much of human DNA is doing something? (5 August 2014) *Genetic Literacy Project*

### 인간이 양자 기계라고?

A quantum sense of smell. (24 March 2015) *Physics World*
Human nose can detect 1 trillion odours. (20 March 2014) *Nature*

### 우리의 뇌가 줄어들고 있다고?

If Modern Humans Are So Smart, Why Are Our Brains Shrinking? (20 January 2011) *Discover*
Are Humans Becoming Less Intelligent? (12 November 2012) *Live Science*

# Credits

The publishers would like to thank the following sources for their kind permission to reproduce the pictures in this book

Alamy: /Age Fotostock: 154; /: 155; /Agsandrew: 169; /Arco Images GmbH: 16 (top left); /epa european pressphoto agency b.v.: 102; /Famveld: 160; /Mark Galick /Ikon Images: 91; /Image Source: 74~75; /Kateryna Kon/Science Photo Library: 144; /MasPix: 12~13; /The Natural History Museum: 173; /Phanie: 80; /Reuters: 72; /Science Photo Library: 76; /: 135; /Tetra Images: 67; /James Thew: 144 (left); /Tierfotoagentur: 118; / Andrzej Wojcicki/Science Photo Library: 86; /Courtesy of Concetta Antico: 130~131; /Bangor University: 46; /Bridgeman Images: © British Library Board. All Rights Reserved: 66 (right) ; /Getty Images: AK2: 165; /Maurizio de Angelis/Science Photo Library: 33; /Arctic Images: 34; /BASF/ullstein bild via Getty Images: 62~63; /Gary Burchell: 114 (left); /LRoderick Chen: 52; /CM Dixon/Print Collector: 158~159; / Cultura RM Exclusive/GIPhotoStock: 83; /Peter Dazeley: 41; /Thomas Deernick/Don Emmert/AFP: 11; /Steve Gschmeissner/Science Photo Library: 30; /Juice Images: 163; /Mike Kemp: 170; /: 106; /: 54; /Jeff J Mitchell: 78; /Michael Nolan/Robert Harding: 141; /Tomohiro Ohsumi/Bloomberg via Getty Images: 71; /Chris Parsons: 174; /Pasieka: 167; /: 148~149; /Ratnakorn Piyasirisorost: 140; /Raycat: 145; /John Reader/Science Photo Library: 139; /Renphoto: 123; /SCIEPRO: 103; /Science Photo Library: 111; /Stockbyte: 84 (bottom); /Michel Tcherevkoff: 124; /Jeff Topping: 20; /Time Life Pictures/Department Of Energy (DOE)/Universal History Archive: 92; /Mark Ward/Kenneth Whitten: 19; /iStockphoto.com: 38~39; /Mary Evans Picture Library: Walter Myers /NASA: 58; /Amelie-Benoist/BSIP: 74 (top); /Eye of Science: 120; /Hop Foch/Phanie: 87; /Nicolle R. Fuller: 42; /Steve Gschmeissner: 128; /GSi: 24; /Kennis and Kennis/MSF: 154; /Dennis Kunkel Microscopy: 61 (left); /Derek Lovely: 37; /W.F. Meggers Gallery of Nobel Laureates/Emilio Segre Visual Archives/Tom McHugh: 99; /Gilles Mermet: 61 (right); /Louise Murray: 57; /Dr Gopal Murti: 95; /Javier Trueba/MSF: 153; / Victor Habbick Visions: 28; /Andy Walker, Midland Fertility Services: 31; /Shutterstock: Bikeworldtravel: 101; / John Carnemolla: 150; /cla78: 119; /Crevis: 47; /Fer Gregory: 84 (top); /Erik Harrison: 45; /ESB Professional: 98; /joloei: 66 (left); /Anna Jurkovska: 55; /Sebastian Kaulitzki: 16 (top right); /: 107; /: 94; /Mehau Kulyk: 70; / LUKinMEDIA: 25; /Minerva Studios: 36; /Kl Petro: 110; /Maxx-Studio: 151; /Photohouse: 97; /Photomaster: 16 (bottom); /Stuart G. Porter: 23; / ruigsantos: 112; /Kucher Serhii: 114 (right); /Smileus: 136; /SpeedKingz: 105; /thailoei92: 79; /Vishnevskiy Vasily: 162; /Ludmila Yilmaz: 127; /Sherry Yates Young: 51;

Icons (Noun Project): Brain by Arthur Shlain, Leaf by Anton Gajdosik, Health by David Garcí

Every effort has been made to acknowledge correctly and contact the source and/or copyright holder of each picture and Carlton Books Limited apologizes for any unintentional errors or omissions that will be corrected in future editions of this book.

이 도서의 국립중앙도서관 출판예정도서목록(CIP)은 서지정보유통지원시스템 홈페이지(http://seoji.nl.go.kr)와 국가자료공동목록 시스템(http://www.nl.go.kr/kolisnet)에서 이용하실 수 있습니다.
(CIP제어번호: CIP2018042771)

**볼수록 놀라운
과학 이야기**

**초판 1쇄 발행** 2019년 2월 21일
**초판 3쇄 발행** 2021년 12월 6일
**지 은 이** 콜린 바라스
**옮 긴 이** 이다윤
**발 행 처** 타임북스
**발 행 인** 이길호
**편 집 인** 김경문
**책임편집** 신은정
**편    집** 최아라
**마 케 팅** 유병준
**디 자 인** 모랑
**제    작** 김진식·김진현·이난영
**재    무** 강상원·이남구·김규리

타임북스는 (주)타임교육의 단행본 출판 브랜드입니다.
**출판등록** 2009년 3월 4일 제322-2009-000050호
**주    소** 서울특별시 강남구 봉은사로 442 75th AVENUE빌딩 7층
**전    화** 02-590-9800
**팩    스** 02-590-0251
**이 메 일** timebooks@t-ime.com

ⓒ Colin Barras
ISBN  978-89-286-4477-3 04400
ISBN  978-89-286-4475-9 04400 (세트)
CIP  2018042771